1995年1月17日早朝、兵庫《ひょうご》県南部を襲《おそ》った地震《じしん》による火災《かさい》で燃《も》える、神戸《こうべ》市のカトリックたかとり教会。パオロ神父《しんぷ》が撮《さつ》影《えい》しました。写真提供:S.G.Paolo

さまざまなアイディアでまちづくりにかかわっている森崎清登《もりさききよと》さん。〈第二章〉

ユニバーサルデザインタクシーには、車いすごと乗車できます。〈第二章〉

長田神社前商店街《ながたじんじゃまえしょうてんがい》で惣菜《そうざい》店を営《いとな》む村上季実子《むらかみきみこ》さん。手に持っているのは「タメ点カード」。〈第三章〉

長田神社前商店街《ながたじんじゃまえしょうてんがい》に設置《せっち》された「グージー瓦版《かわらばん》」には、地《ち》域《いき》の学校、PTA《ピーティーエー》、各種団体《だんたい》などからの情報《じょうほう》が、たくさん集まってきます。〈第三章〉

長田神社前商店街《ながたじんじゃまえしょうてんがい》のシンボル・大きな鳥居《とりい》。〈第三章〉

松村敏明《まつむらとしあき》さん（前列左から2人目）が運営《うんえい》する、えんぴつの家・パン工場のみなさん。〈第四章〉

長田《ながた》区ユニバーサルデザイン研究会主催《しゅさい》の「ユニバーサルデザインフェア」で「キラポッポ」を運転する吉良《きら》さん。〈第六章〉

当事者の立場から障害《しょうがい》者《しゃ》の生活を応援《おうえん》する取り組みをしている吉良《きら》和人《かずと》さん。〈第四章〉

さまざまな言葉でさまざまな人が、自分の思うステキなまちについて語るコミュニティ放送局FM《エフエム》わぃわぃ総合《そうごう》プロデューサー・金千秋《きむらちあき》さん。〈第五章〉

FM《エフエム》わぃわぃが2005年まで使っていたスタジオの外観。〈第五章〉写真提供:FMわぃわぃ

震災《しんさい》からちょうど1年後の1996年1月17日、コミュニティ放送局として正式に開局しました。〈第五章〉写真提供: S.G.Paolo

一人ひとりのまちづくり

神戸《こうべ》市長田《ながた》区・再生《さいせい》の物語

もくじ

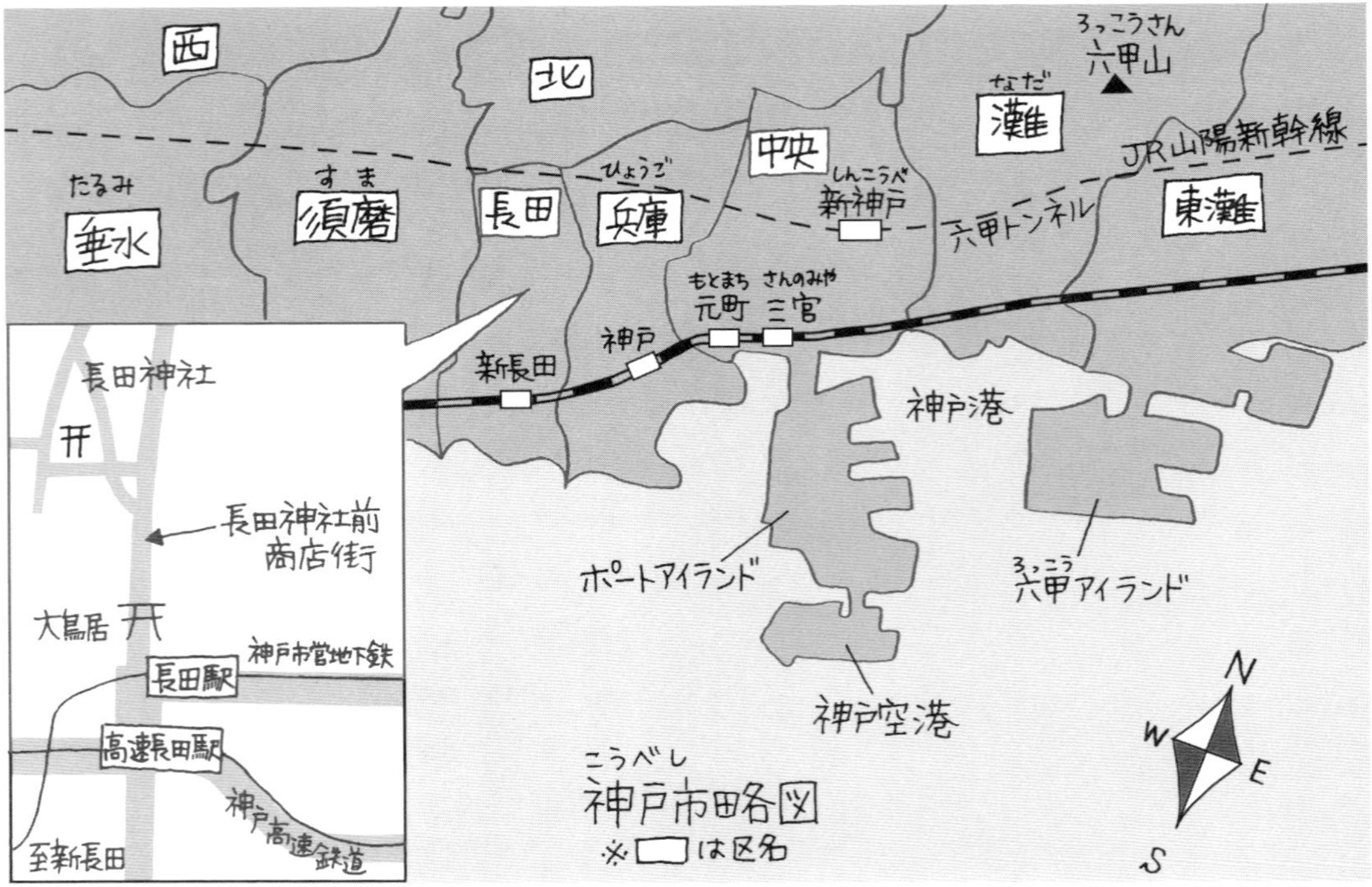

神戸市《こうべし》略図
※□は区名

1995・1・17
以前

「まさか、神戸《こうべ》で地震《じしん》が起こるなんて」

一九九五年一月一七日の阪神《はんしん》・淡路大震災《あわじだいしんさい》で被災《ひさい》した神戸《こうべ》の人々は、みなそう思ったそうです。

神戸《こうべ》のまちは、六甲山系《ろっこうさんけい》が海の近くまで迫《せま》る、瀬戸内海《せとないかい》沿《ぞ》いにあります。古くから都に近い天然の良港として注目され、平安《へいあん》時代末期《まっき》に平清盛《たいらのきよもり》が日宋貿易《にっそうぼうえき》（宋《そう》は当時の中《ちゅう》国《ごく》）の拠点《きょてん》として整備《せいび》して以来、日本を代表する貿易港《ぼうえきこう》としての歴史《れきし》を刻《きざ》んできました。

じつは、その港町に大打撃《だいだげき》を与《あた》える地震《じしん》が、一五九六年と一八五四年にありました。しかし、その後は地震《じしん》はなく、貿易《ぼうえき》と重工業を中心とする産業で、大都市に発展《はってん》していきました。よく起こる自然災害《さいがい》といえば、六甲山系《ろっこうさんけい》から流れ下る土石流《どせきりゅう》などによる水害で、河川改修《かせんかいしゅう》などの水害対策《たいさく》が、長年にわたって進められました。その一方で、いつしか「神戸《こうべ》に地震《じしん》はない」という神話《しんわ》が生まれていました。

では、震災前《しんさいまえ》まで、まちは順調に発展《はってん》し、より暮《く》らしやすいまちへと向かっていたのでしょうか。

震災《しんさい》でもっとも大きな被害《ひがい》を受けた長田《ながた》区では、じつはすでに、まちの空洞化《くうどうか》が進んでいました。最盛期《さいせいき》には二一万人を超《こ》えていた人口が、震災前《しんさいまえ》には一三万人にまで減少《げんしょう》。少子高齢化《しょうしこうれいか》も進行し、かつての活気は失われていました。

また、江戸《えど》時代末期《まっき》の開港以来、神戸《こうべ》には国内外のたくさんの人々が出入りし、職業《しょくぎょう》・文化・背負《せお》っている歴史《れきし》など、いろいろな面で多様な人々が暮《く》らしてきました。しかし、その人々は、かならずしも、ちがいを乗《の》り越《こ》えて、いっしょに暮《く》らしやすいまちにしていこうという意識《いしき》で結ばれていたわけではないようです。

今回、長田《ながた》区を訪《たず》ねると、商店主、企業経営者《きぎょうけいえいしゃ》、障害者《しょうがいしゃ》、在日《ざいにち》外国人など多様な人々がまちづくりにかかわり、おたがいにつながりあって活動していました。しかし、震災《しんさい》前《まえ》には、そのようなつながりはなかったといいます。

復興《ふっこう》とは、もう一度さかんな状態《じょうたい》にすることです。しかし、震災後《しんさいご》の神戸《こうべ》、とりわけ長田《ながた》でまちづくりをしてきた人々にとって、復興《ふっこう》とは、もう一度震災前《しんさいまえ》の状態《じょうたい》にすることではありませんでした。

本書では、震災《しんさい》がその人たちをどう変え、どんなまちづくりへと向かわせたのかを描《えが》きます。

「見えなかった」在日《ざいにち》コリアンの人たち

コミュニティ放送局「FM《エフエム》わぃわぃ」総合《そうごう》プロデューサー・金千秋《きむちあき》さんは、学生時代に結婚《けっこん》し、震災前《しんさいまえ》は外で働いたことがありませんでした。

金姓《きむせい》は在日韓国人《ざいにちかんこくじん》との結婚《けっこん》によるもので、千秋《ちあき》さん自身は日本人です。父方からは、二〇世紀初頭に神戸《こうべ》に移《うつ》り住《す》んだロシア人の血も引いていて、その実家は今も異人館《いじんかん》（洋風建築物《ようふうけんちくぶつ》）街《がい》で有名な、中央区《ちゅうおう》北野《きたの》町にあるそうです。

江戸《えど》時代末期《まっき》、開国が決まると、港の近くに外国人居留地《きょりゅうち》が建設《けんせつ》されましたが、住居《じゅうきょ》を求める欧米《おうべい》人の動きは、その外にまで広がりました。明治《めいじ》二〇（一八八七）年代から、さかんに建てられたのが、六甲山麓《ろっこうさんろく》の高台にあって海を見渡《みわた》せる北野《きたの》町一帯《いったい》でした。

欧米人《おうべい》と並行《へいこう》して中国人《ちゅうごく》も多数流入し、欧米人《おうべい》相手のビジネスや、中国《ちゅうごく》をはじめとするアジア諸国《しょこく》との貿易《ぼうえき》で、神戸《こうべ》の発展《はってん》に寄与《きよ》しました。北野《きたの》町の南方、元町《もとまち》駅の南にある南京《なんきん》町は、横浜《よこはま》・長崎《ながさき》とならぶ、日本三大チャイナタウンの一つです。

神戸《こうべ》が造船《ぞうせん》や鉄鋼《てっこう》などの重工業都市としても発展《はってん》し始めると、全国の農村漁村からに加えて、朝鮮《ちょうせん》半島などからも、多くの人々が労働力《ろうどうりょく》として流入するようになりました。

金さんは、北野《きたの》町の父方の実家ですごした少女時代、外国人がとても身近な存在《そんざい》だったことを覚えています。

「フロインドリーブ」(ドイツ人が開いたパン店)のおばちゃんの目が青かったこと。「ゴンチャロフ」(ロシア人が開いた洋菓子《ようがし》店)のおばちゃんの鼻が、魔法《まほう》使いのおばあさんのようだったこと。

モンさんという中国《ちゅうごく》人の家に遊びに行くと、豆腐《とうふ》を腐《くさ》らせたような食べ物が出てきたこと。台湾《たいわん》人のケイトの家では、パイナップルが出てきたこと。同じ中国《ちゅうごく》人でも、出身が台湾《たいわん》なのか香港《ホンコン》なのか大陸《たいりく》なのかで、雰囲気《ふんいき》がぜんぜんちがったこと。

中にはイスラムの人もいて、習慣《しゅうかん》がちがうので同じオフィスで働く人が困《こま》ったという話を聞いたこと……。

「言葉はみんな日本語を話していましたが、それぞれちがいました。そのような中で育ったので、ちがいがあるのは当たり前の話でした。ちがいを消して生きようとする人はいませんでした」

しかし、コリアン（韓国《かんこく》・朝鮮人《ちょうせん》）の存在《そんざい》は、結婚《けっこん》を考える相手との出会いによってはじめて認識《にんしき》しました。

「あとで考えると、わたしのまわりの人たちの中にも韓国人《かんこく》がいたのかもしれません。でも、見えませんでした」

コリアンの人々は、主に一九一〇年の日本による祖国《そこく》の併合《へいごう》以後、日本に渡《わた》ってきました。創氏改名政策《そうしかいめいせいさく》（氏名を日本人風に変えさせる）などの強圧的《きょうあってき》な支配《しはい》の下で、露骨《ろこつ》な差別を受け、過酷《かこく》な労働条件《ろうどうじょうけん》の下で働くことを強《し》いられました。

一九四五年の終戦時には二百万人以上いたとも言われる在日《ざいにち》コリアンの多くは、戦後《せんご》間もなく朝鮮《ちょうせん》半島に帰りました。それでも、四分の一程度《ていど》が日本に残ったといわれます。差別は戦後《せんご》も根強く続いたため、在日《ざいにち》コリアンの中では、多くの人が日本人コミュニティの中では日本式の姓名《せいめい》、いわゆる「通名《つうめい》」を名乗り、コリアンであることをかくして生きてきました。金さんが、結婚《けっこん》相手と出会うまで在日《ざいにち》コリアンが「見えなかった」のも、そうした事情《じじょう》からかもしれません。

在日《ざいにち》コリアンは、日本で暮《く》らす外国人の中でもっとも大きな割合《わりあい》を占《し》めます。総人口《そうじんこう》に占《し》める外国人登録者《とうろくしゃ》の割合《わりあい》が全国平均《へいきん》の約二倍に達する神戸《こうべ》でも、それは同じです。第二位の中国《ちゅうごく》人よりもはるかに多くの人々が、さらに欧米《おうべい》人とくらべたら桁《けた》ちがいに多くの人々が暮《く》らしています。

しかし、コリアンは、容貌《ようぼう》では日本人と区別がつきません。日本で生まれ育って日本語を身につけた人は、言葉を交《か》わしてもちがいがわかりません。通名《つうめい》を名乗る人々は、日常《にちじょう》生活においてもあまり民族性《みんぞくせい》を表に出すようなことはせず、学校や会社などでいっしょにすごしているかぎりでは、日本人からは外国人には見えません。

金さんは在日韓国人《ざいにちかんこく》三世《さんせい》と結婚《けっこん》し、金姓《きむせい》を名乗って暮《く》らしました。そうしてはじめて、見えない壁《かべ》に隔《へだ》てられた世界が見えるようになり、在日《ざいにち》コリアンから声をかけられるようにもなったそうです。しかし、見えてきた世界をのぞいてみると、「在日韓国人《ざいにちかんこく》の集まりで話されていること（民族的《みんぞくてき》アイデンティティの確立《かくりつ》など）と、外でのふるまい（通名《つうめい》を使うことなど）とのギャップが大きくて、どうしてそうなっちゃうんだろうと思いました」。

身のまわりにいろいろな外国人がいて当たり前。それぞれちがうのが当たり前で、ちがいを消して生きる必要なんかない。子ども時代からそういう環境《かんきょう》で育った人にとって、仲間うちでは「自分たちはコリアンであって日本人とはちがう」という誇《ほこ》りを求めながら、外では、ちがうことの表明ともなる民族名《みんぞくめい》を名乗らず、通名《つうめい》で生きるという矛盾《むじゅん》には、首をひねらずにいられませんでした。

苦難《くなん》の歴史《れきし》が生んだ複雑《ふくざつ》な精神性《せいしんせい》と行動様式や、それを変えるのはどれだけたいへんかといったことは、金さんのみならず、当事者でない人には理解《りかい》しにくいことです。

金さんは、理解《りかい》しにくいからといって在日《ざいにち》コリアンの世界を避《さ》けることなく、いろいろな国から来たそれぞれにちがいのある外国人と同様につきあいました。結婚後《けっこんご》に住んだ須磨《すま》区は、異人館街《いじんかんがい》や南京《なんきん》町のある中央区ほどではないまでも、いろいろな国から来た人が住んでいて、英語で話す友人もたくさんできたそうです。

「須磨《すま》区にも在日《ざいにち》コリアンはいましたが、近くのパン屋さんはフランス人と日本人のご夫婦《ふうふ》でしたし、ちょっと離《はな》れたところには、アイルランドやスウェーデンの方がいました。修道院《しゅうどういん》の神父《しんぷ》さんたちが経営《けいえい》しているインターナショナル・スクールがあるので、いろいろな人がいましたね」

現在《げんざい》、金さんは、総合《そうごう》プロデューサーを務《つと》めるFM《エフエム》わぃわぃの役割《やくわり》を、「多文化共生《たぶんかきょうせい》のまちづくり活動のための発信ツール」と考えています。

世界各地から異《こと》なる文化を背負《せお》った人々がやってくれば、ちがいが原因《げんいん》でトラブルが起きたり孤立《こりつ》する人たちが出たりしがちです。そうならないよう、おたがいの理解《りかい》を進め、だれもが暮《く》らしやすいようにしていく。多様な人々がともに暮《く》らすことが、まちの魅力《みりょく》になるようにしていく。それが、多文化共生《たぶんかきょうせい》のまちづくりの考え方です。

金さんの話を聞くと、FM《エフエム》わぃわぃが登場するまでもなく、金さんのまわりには子ども時代から「多文化共生《たぶんかきょうせい》のまち」があったようにも聞こえます。しかし、その点をたずねると、金さんはこう語りました。

「多文化共生《たぶんかきょうせい》というよりも、いろいろな人が混《ま》じって暮《く》らしているけれど、問題点には目をつぶっておこうという感じでした。そういう暮《く》らしが震災《しんさい》でボーンと壊《こわ》れて、それぞれが元にもどるよりも『いっしょになんとかしないと』という感じになって、はじめてほんとうの多文化共生《たぶんかきょうせい》的な動きが生まれたと思います」

金さん自身も、震災後《しんさいご》、専業主婦《せんぎょうしゅふ》としての元の暮《く》らしにもどるのではなく、『いっしょになんとかしないと』という動きに身を投じることになるのでした。

うちの商店街《しょうてんがい》はこのままでよいのか

現在《げんざい》、長田神社前商店街振興組合《ながたじんじゃまえしょうてんがいしんこうくみあい》の役員として地域《ちいき》を飛び回る村上季実子《むらかみきみこ》さんが、母親が営業《えいぎょう》する店を手伝うようになったのは、一九八〇年ごろでした。神戸《こうべ》発祥《はっしょう》の大手アパレル企業《きぎょう》に五年間勤《つと》めたあと、母親の跡《あと》を継《つ》ぐ決意をしてのことでした。

店は、かまぼこやちくわなどの練《ね》り製品《せいひん》をメーカーから仕入れて売っていましたが、「いっしょにやってみて、これはアカンと思いました。売り上げは上がらない。利益率《りえきりつ》は悪い。それに、練《ね》り製品《せいひん》では主食にはならないでしょう。それだけでは弱い」。

そこで、村上さんは、自分で勉強して自家製《じかせい》の商品を出すなどして売り上げアップを図《はか》りましたが、やがて「いまの延長《えんちょう》ではダメや。これからはお惣菜《そうざい》の時代や」と思い定めました。商店街《しょうてんがい》の再開発《さいかいはつ》ビルの完成を待って、ようやく自分のお店「おかずふぁくとりぃ長田店」を開いたのは、一九八九年、三五歳《さい》のときでした。

自分の店が軌道《きどう》に乗ると、当時は「長田商店街《ながたしょうてんがい》」という名前だった商店街《しょうてんがい》のことが気になるようになりました。あきらかに売り上げが落ちてきているのに、商店街《しょうてんがい》をとりしきる年輩者《ねんぱいしゃ》たちには、あまり変えようという姿勢《しせい》がなく、村上さんたち若手《わかて》の意見は、なかなか通りませんでした。

「たとえば、わたしたちが『商品の陳列《ちんれつ》が道路にはみ出していたら、歩行者に迷惑《めいわく》なので下げましょう』と言っても、『そんなもん、言うやつに言わせとったらええんや』という答えが返ってくるような風潮《ふうちょう》もありました」

古くからの商店街《しょうてんがい》の衰退《すいたい》は、当時すでに全国的に進んでいました。スーパーの進出や郊外型《こうがいがた》の大型商業施設《しせつ》の出現《しゅつげん》などもありましたが、商店街《しょうてんがい》のほうにも要因《よういん》はありました。商店主が古きよき時代の営業姿勢《えいぎょうしせい》のままで、消費者《しょうひしゃ》のニーズの変化に対応《たいおう》できない、対応《たいおう》しようとしないというケースも少なくありませんでした。

長田商店街《ながたしょうてんがい》にも、そのような傾向《けいこう》はあったそうです。

「戸板《といた》の上に商品をならべているだけでも売れる時代があったんです。そういう時代に一財産《ひとざいさん》つくってしまったような人たちに、変えようという気はありませんでした」

村上さんたち若手《わかて》は、そんな商店街《しょうてんがい》を、少しずつ改革《かいかく》へと動かしていきました。

商店街《しょうてんがい》の中に大手スーパーができたとき、買い物客に商店街《しょうてんがい》をどう思っているか、モニター調査《ちょうさ》をしました。すると、今後商店街《しょうてんがい》は三〇代を中心とした客層《きゃくそう》をもっと獲得《かくとく》していく必要がありましたが、その客層《きゃくそう》から「暗い」「イメージがはっきりしない」など、厳《きび》しい意見が寄《よ》せられました。これを受けて一九九二年、兵庫《ひょうご》県の支援《しえん》事業を利用して、コンサルタントの助言を受けたりしながら、商店街《しょうてんがい》の将来《しょうらい》計画を考えました。

商店街《しょうてんがい》の人々は、「この商店街《しょうてんがい》は神戸のどこにあり、どんな特徴《とくちょう》をもち、これからどうあるべきなのか、それをどうアピールしたらよいのか」などを一から見つめ直しました。その結果、再認識《さいにんしき》したのは、長田神社《ながたじんじゃ》の存在《そんざい》でした。

長田神社《ながたじんじゃ》は『日本書紀《にほんしょき》』にも登場する、長田《ながた》のまちを象徴《しょうちょう》する場所の一つです。その最寄《もよ》り駅《えき》である神戸《こうべ》市営《しえい》地下鉄の長田《ながた》駅から神社までの間に形成されたのが、長田商《ながたしょう》店街《てんがい》でした。

「神社あっての商店街《しょうてんがい》」と再認識《さいにんしき》した結果のプランは、まず「長田神社前商店街《ながたじんじゃまえしょうてんがい》」への名称変更《めいしょうへんこう》。さらには、駅名変更《へんこう》も働きかけていこうということになりました。

じつは当時、長田《ながた》区内には「長田《ながた》」のつく駅が、上記の駅のほかに四つもありました。

神戸《こうべ》電鉄「長田《ながた》」、神戸《こうべ》高速鉄道「高速長田《ながた》」、JR《ジェイアール》と市営《しえい》地下鉄の各「新長田《しんながた》」です。商店街《しょうてんがい》の名称変更《めいしょうへんこう》は、商店街《しょうてんがい》の組合員だけで決められるので、比較的《ひかくてき》すんなりと話が進みました。しかし、駅名変更《へんこう》はそうはいきません。

「こんなに『長田《ながた》』のつく駅があったら、外から来る人は、どれがどこにとまるのかわからない。ここは長田神社《ながたじんじゃ》があるんですから、『長田神社前《ながたじんじゃまえ》』にしたらわかりやすい。東京に『明治神宮前《めいじじんぐうまえ》』があるように、ここに『長田神社前《ながたじんじゃまえ》』があってもええんちゃいますか、と。そんな話をして市の交通局などにお願いしたんですけど、震災前《しんさいまえ》は『考えときますー』という感じでした。『簡単《かんたん》に言うけど、駅の名前を変えるのにどれだけお金がかかるか、わかってる?』と言われたこともありました」

要するに、「門前払《もんぜんばら》い」でした。壁《かべ》が厚《あつ》いことを痛感《つうかん》した村上さんたちは、その後また一つ、地域《ちいき》の存在《そんざい》を再認識《さいにんしき》することになりました。

「これは、商店街《しょうてんがい》だけで叫《さけ》んでいても絶対《ぜったい》に通らない。婦人会《ふじんかい》、自治会《じちかい》、PTA《ピーティーエー》。そういった地域《ちいき》のみなさんと、一致団結《いっちだんけつ》してお願いしないと難《むずか》しい。そう思いました」

一人で仕事するより作業所をつくらないか

現在《げんざい》、ながた障害者《しょうがいしゃ》地域《ちいき》生活支援《しえん》センターのピアカウンセリング室長を本業とする吉《き》良《ら》和人《かずと》さんは、一九五七年生まれ。地域《ちいき》の人々とともに暮《く》らしたい障害者《しょうがいしゃ》のための活動や、長田《ながた》のまちづくり活動にも幅広《はばひろ》くかかわっています。しかし、震災前《しんさいまえ》は自宅《じたく》で印刷《いんさつ》関係の仕事をする自営業者《じえいぎょうしゃ》で、「ほとんど仕事だけの生活」だったそうです。

吉良さんは、出生時の脳《のう》の損傷《そんしょう》による運動機能障害《きのうしょうがい》・脳性小児《のうせいしょうに》まひのため、手足が不自由です。言葉も少し聞き取りにくい発音になってしまいます。現在《げんざい》は、市営住宅《しえいじゅうたく》に暮《く》らし、電動車いすに乗って一人であちらこちらに出かけ、いろいろな人と積極的《せっきょくてき》にかかわっています。しかし、子ども時代には、同様の障害《しょうがい》のある人が、そのような生活を送ることは考えられないことでした。

学校は養護《ようご》学校（現在《げんざい》の特別支援《とくべつしえん》学校）に入学しましたが、当時、養護《ようご》学校は、小中学校に該当《がいとう》する学年でも、義務《ぎむ》教育ではありませんでした。重い障害《しょうがい》のある子どもは「就学猶予《しゅうがくゆうよ》」や「就学免除《しゅうがくめんじょ》」という名目で、教育を受ける機会も与《あた》えられず、自宅《じたく》や施《し》設《せつ》ですごすほかありませんでした。

養護《ようご》学校高等部を卒業《そつぎょう》した吉良さんは、身体障害者《しんたいしょうがいしゃ》の職業訓練《しょくぎょうくんれん》校で一年間、印刷《いんさつ》の基本《きほん》を勉強したあと、家に機械を置いて製版業《せいはんぎょう》を開業しました。

障害《しょうがい》のある人の働く機会も、当時は今よりもずっとかぎられていました。建物や交通のバリアフリーがまだ考えられていない時代だったので、一人でまちに出ることからしてたいへんでした。

一九七六年には、車いす利用者がバスに乗車拒否《じょうしゃきょひ》されたことに端《たん》を発して、脳性《のうせい》まひ者の団体《だんたい》「青い芝《しば》の会」が抗議《こうぎ》してバスを占拠《せんきょ》するという事件《じけん》が、神奈川《かながわ》県川崎《かわさき》市で起きました。この会は、一九七九年に養護《ようご》学校が義務《ぎむ》教育化されたときには、障害《しょうがい》のある子どもがほかの子どもといっしょに学べなくなることに対して、反対運動を展開《てんかい》しました。

しかし、当時の一般《いっぱん》の人々の意識《いしき》は、およそ次のようなものでした。「車いすの人がバスに乗れないのは、気《き》の毒《どく》だけど、しかたがないこと」。「障害《しょうがい》のある子どもが、障害《しょうがい》に対応《たいおう》した特別《とくべつ》な学校で、きちんと学べるようになるのはよいこと」。

「人を障害《しょうがい》の有無《うむ》で分けへだてせず、いっしょに学び、いっしょに働き、いっしょに暮《く》らせるように」という考え方は、理想論《りそうろん》のように受け取られました。また、今すぐ「いっしょに」を要求することは、無理難題《むりなんだい》をふっかけることにも受け取られました。

吉良さんはこのような時代に社会に出て、一般《いっぱん》の人々と仕事をし、地域《ちいき》で暮《く》らしました。しかし、「いっしょに」というほどのつながりはもてませんでした。印刷《いんさつ》会社の下《した》請《う》けの仕事に一人で追われ、仕事以外の人とのつきあいはほとんどなかったそうです。

その仕事も、いつまでも順調には続きませんでした。

「震災前《しんさいまえ》には、もう印刷《いんさつ》の仕事が減《へ》っていて、わたしのところにはあまり回ってこないような状態《じょうたい》になってしまった。友人が『作業所をつくろうか』と言っていたので、『ほな、手伝おうか』という感じでいました」

作業所とは、一般《いっぱん》企業《きぎょう》などへの就職《しゅうしょく》が難《むずか》しい障害者《しょうがいしゃ》の働く場・活動の場として、障害《しょうがい》当事者や関係者が共同で設立《せつりつ》する施設《しせつ》のことです。企業《きぎょう》の下請《したう》けの作業やオリジナル製《せい》品《ひん》の製造《せいぞう》などによって、地域《ちいき》の中で当たり前の暮《く》らしができるようになることを目標にして活動します。現在《げんざい》、全国各地に六千か所以上あります。

「最初はみんなで集まってワイワイガヤガヤ、なにかやれたらいいという感じでした」という作業所設立《せつりつ》計画。一人で仕事をしてきた吉良さんの人生は、これを契機《けいき》に多くの人とつながる道へと向かいますが、実際《じっさい》に動き出すのは、震災後《しんさいご》のことでした。

障害《しょうがい》のある人が地域《ちいき》で生きるために

吉良《きら》さんたちが作業所を立ち上げるときに出会うことになる社会福祉《ふくし》法人「えんぴつの家」理事長の松村敏明《まつむらとしあき》さんは一九四〇年生まれ。元中学校教師で、早くから障害《しょうがい》のある人が地域《ちいき》で生きるための活動を続けてきました。

義弟《ぎてい》が知的障害者《ちてきしょうがいしゃ》だったことから、一九六九年に、兄弟姉妹に障害者《しょうがいしゃ》をもつ人々と集まって、悩《なや》みを語り合ったり、学習会を開いたりするようになりました。のちに、障《しょう》害《がい》のある人が地域《ちいき》で生きる場としての作業所やグループホームを実現《じつげん》していく「神戸《こうべ》きょうだい会」（神戸《こうべ》心身障害者《しんしんしょうがいしゃ》をもつ兄弟姉妹の会）の始まりでした。

「障害《しょうがい》のある人が地域《ちいき》で生きる」とは、一生、家族の世話になって家ですごすのではなく、人里離《はな》れた施設《しせつ》で保護《ほご》されてすごすのでもなく、地域《ちいき》で、ほかの人もしているような当たり前の生活をするということです。

松村さんは、一九七〇年代に入ると、障害《しょうがい》のある子をもつ親の相談にのるようになりました。

「養護《ようご》学校義務《ぎむ》教育化のだいぶ前から、『障害《しょうがい》のある子どもに、養護《ようご》学校に隔離《かくり》した別学の教育ではなく、地域《ちいき》の学校でともに学ぶ教育を』という運動を展開《てんかい》していました。尼崎《あまがさき》から姫路《ひめじ》まで、『明日教育委員会と交渉《こうしょう》するんですけど、どうしたらいいんでしょう』というような親の相談を受けて動いていました」

障害《しょうがい》のある子どもが小中学校に入学する際《さい》は、教育委員会に置かれた就学指導《しゅうがくしどう》委員会が、地域《ちいき》の普通《ふつう》学校がよいか、障害《しょうがい》に応《おう》じた、盲《もう》・ろう・養護《ようご》学校がよいかを判定《はんてい》して、就学指導《しゅうがくしどう》を行っていました。

障害《しょうがい》に応《おう》じた施設《しせつ》・設備《せつび》や指導体制《しどうたいせい》という点では、当然、普通《ふつう》学校よりも、盲《もう》・ろう・養護《ようご》学校のほうが充実《じゅうじつ》しています。しかし、障害《しょうがい》の有無《うむ》と種類で学校を分けることは、人をそのように分けへだてる意識《いしき》を定着させます。

また、通う学校で分けへだてられた子どもたちは、ふだんから接《せっ》して、おたがいを理解《りかい》するという機会をもてません。とくに障害《しょうがい》のある子どもたちは、多様な人々で構成《こうせい》される社会で生きていくための、社会性《しゃかいせい》を身につけることができにくくなってしまいます。

このようなことから、障害《しょうがい》のある子の保護者《ほごしゃ》の中には、障害《しょうがい》のためにいろいろ不便があっても、地域《ちいき》の子どもたちといっしょに地域《ちいき》の学校に通うことを望む人が少なくありませんでした。

しかし、当時の就学指導《しゅうがくしどう》は、盲《もう》・ろう・養護《ようご》学校に就学《しゅうがく》すべき障害《しょうがい》の程度《ていど》を定めた基《き》準《じゅん》にもとづいて判定《はんてい》するもので、保護者《ほごしゃ》の意見は、聞くことすら義務《ぎむ》づけられていませんでした。松村さんは、このような状況《じょうきょう》の下で、地域《ちいき》の学校に通わせたいのに養護《ようご》学校に通うよう就学指導《しゅうがくしどう》されて、悩《なや》む保護《ほご》者たちを支援《しえん》しました。

そして一九八五年、「障害《しょうがい》のある人が地域《ちいき》で生きられるように」「障害《しょうがい》のある子が地域《ちいき》の学校で学べるように」と願う人々、現状《げんじょう》がそうでないために悩《なや》んでいる人々の集まる場として、「えんぴつの家」(中央区《ちゅうおうく》)を開設《かいせつ》しました。

その後、一九八九年に社会福祉《ふくし》法人となり、障害《しょうがい》のある人やその家族などのニーズに応《おう》じた事業所づくりを進めました。また、「神戸《こうべ》きょうだい会」は、一九九四年にパンの製造販売《せいぞうはんばい》を行う共働《きょうどう》作業所「くららべーかりー」(長田《ながた》区)を開きました。所長は、会の代表も務《つと》める石倉泰三《いしくらたいぞう》さんです。

障害《しょうがい》のある人には、学校を卒業《そつぎょう》しても働く場がない、行き場がないという人が少なくありません。また、世話してくれた親や兄弟姉妹が亡《な》くなってしまったときの不安もあります。当然、親や兄弟姉妹にも「自分がいなくなったらどうなるのか」という不安があります。

「えんぴつの家」や「神戸《こうべ》きょうだい会」が行ってきたのは、まさにそういう不安をなくすための場づくりでした。

しかし、地域《ちいき》での生きる場づくりは進みましたが、地域《ちいき》の人々とつながって、ともに生きることの大切さを痛感《つうかん》するのは、震災後《しんさいご》のことでした。

まちが
生まれ変わるまで

タクシー会社社長がつなぐ
「人」と「まち」

自宅《じたく》から海水浴場へ、水着で行って水着のまま帰れる「海のタクシー」。子どもの送《おく》り迎《むか》えができない親の不安に応《こた》える「安心かえる号」。スイーツ好きの観光客に有名洋《よう》菓子店《がしてん》を案内してまわる「神戸《こうべ》スイーツタクシー」……。

そんなユニークな企画《きかく》を次々に打ち出しては注目を集めているタクシー会社が、神戸《こうべ》市長田区《ながたく》にあります。一九五二年生まれの森崎清登《もりさききよと》社長が率《ひき》いる、近畿《きんき》タクシーです。

森崎さんはアイディアマンの社長としてだけでなく、まちづくり活動のリーダーとしても、地元でよく知られています。だれにでも住みやすいまちづくりを目指す非営利団《ひえいりだん》体《たい》「長田《ながた》区ユニバーサルデザイン研究会」の会長、まちづくり企画《きかく》会社「神戸《こうべ》ながたTMO《ティーエムオー》」の商業活性《かっせい》事業部長など、いくつもの肩書《かたが》きをもって、走り回っています。

しかし、震災前《しんさいまえ》は、まったくそんなふうではなかったそうです。

もともとは、東京の大学を卒業《そつぎょう》して地元の酒造《しゅぞう》会社に就職《しゅうしょく》したサラリーマン。結婚《けっこん》相手の父親が経営《けいえい》していたのが近畿《きんき》タクシーで、一九八六年に同社に移《うつ》って後継者《こうけいしゃ》の道を歩みました。その中で、義父《ぎふ》の築《きず》いた事業を大きく変える必要は感じませんでした。また、本業のかたわら、地域《ちいき》の活動に積極的《せっきょくてき》にかかわることもありませんでした。

「地域密着《ちいきみっちゃく》のタクシー会社、と言っていましたけど、決まり文句のように言っていただけです。わたしは親父《おやじ》から、長田《ながた》にある会社を引《ひ》き継《つ》いでやっていただけで、長田《ながた》のまちにこだわっていたわけではなかった。単にタクシー会社をやるなら、三宮《さんのみや》でも芦屋《あしや》でもよかったんです」

育ったまちが燃《も》えてなくなる

一九九五年一月一七日早朝、兵庫《ひょうご》県南部を直下型地震《ちょっかがたじしん》が襲《おそ》い、大きな被害《ひがい》をもたらしました。阪神《はんしん》・淡路大震災《あわじだいしんさい》です。

死者・行方《ゆくえ》不明者＝六四三七名。負傷者《ふしょうしゃ》＝四万三七九二名。家屋《かおく》の全壊《ぜんかい》＝一〇万四九〇六棟《むね》、半壊《はんかい》＝一四万四二七四棟《むね》。避難者《ひなんしゃ》＝三〇万名以上（最大時）。戦後最悪の地震災害《じしんさいがい》でした。

被害《ひがい》の多くは神戸《こうべ》市内で発生しましたが、中でも、古い木造《もくぞう》の建物が密集《みっしゅう》する地域《ちいき》の多かった、長田《ながた》区内の被害《ひがい》は甚大《じんだい》でした。建物被害《ひがい》は被災《ひさい》地最大で、とくに、地震後《じしんご》の火災《かさい》による焼失家屋《しょうしつかおく》は、被災地《ひさいち》全体（約七五〇〇棟《むね》）の六割《わり》以上を占《し》めました。

森崎《もりさき》さんは長田《ながた》区内の自宅《じたく》で被災《ひさい》しましたが、幸《さいわ》い家族とともに無事でした。家屋《かおく》と社屋《しゃおく》はダメージを受けましたが、倒壊《とうかい》や焼失《しょうしつ》は免《まぬが》れました。

「その日、テレビを見ていたら、ヘリコプターからの映像《えいぞう》で、自分が生まれ育ったところが燃《も》えているのが映《うつ》りました。自転車で一〇分ぐらいのところを、遠隔操作《えんかくそうさ》で上から見ているようでした。妙《みょう》な感覚だったですね」

転機となるショックを、翌日《よくじつ》、実際《じっさい》にそこへ足を運んで味わいました。

海外にいた旧友《きゅうゆう》から「親が避難所《ひなんじょ》にいるので見てきてほしい」という電話を受けて出かけたのです。瓦礫《がれき》が散乱《さんらん》した道を歩いていくと、まだあちらこちらから煙《けむり》が出ている焼け野原に出ました。たくさんの被災者《ひさいしゃ》の姿《すがた》の中で、一人の少女に目がとまりました。

「安否《あんぴ》をうかがいに来た同級生に、『お母さんが死んだ』と答えて泣き出したんですけど、それが、声だけ聞いたら笑い声に聞こえるような泣き声なんですよ。慟哭《どうこく》ですね。人間に、こういう泣き方があるのかと思いました」

その直後、子ども時代をすごしたまちが、燃《も》えてなくなっているのを見ました。

「あ痛《いた》ぁ〜」

森崎さんは、もはやそれまで押《お》し殺《ころ》していた悲痛《ひつう》を抑《おさ》えることができなくなって、膝《ひざ》からくずれ落ちそうになったそうです。

燃《も》えてしまったまちをもう一度つくるには

森崎《もりさき》さんが中学校卒業《そつぎょう》まで住んでいたのは須磨《すま》区内でしたが、そこはもう長田《ながた》区にほど近く、自身は「長田《ながた》のまちで育った」という感覚をもっています。工場や商店と住宅《じゅうたく》が混在密集《こんざいみっしゅう》し、人々がざっくばらんにつきあう人情味豊《にんじょうみゆた》かな下町。そんな「長田《ながた》のまち」が、森崎少年の家のまわりまで続いていました。よく遊んだ友だち、世話になったおばちゃん、おっちゃん。たくさんの思い出がそこに詰《つ》まっていました。そのまちがあとかたもなく燃《も》えてしまったのです。

「人生って、小さいころからの思い出の積《つ》み重《かさ》ねの上に築《きず》き上《あ》げていくようなところがありますよね。その一番根っこの部分を突然《とつぜん》なくした。大事な子ども時代の思い出を、だるま落としみたいに、スコーンと打《う》ち抜《ぬ》かれた。そんな感じがしました」

もう取りもどせないという喪失感《そうしつかん》の大きさは、母親を亡《な》くして以来だったそうです。

「母親を亡《な》くしたとき、なんとも言えない喪失感《そうしつかん》が背中《せなか》に来ました。自分の身を支《ささ》えきれなくなって、泣《な》き崩《くず》れるのではないかと思うような状態《じょうたい》になりました。それがまた来そうな感じがしました。お母さんを亡《な》くした娘《むすめ》さんの姿《すがた》を見たあとでしたから、よけいにこみ上げてくるものがありました」

しかし、その直後にこう思ったそうです。

「またつくれる。つくりたい」

燃《も》えてしまったまちをもう一度つくるとは、どういうことだったのでしょうか。

「打ちひしがれてしまいそうな自分の身を自分が守ろうとして、反射的《はんしゃてき》にそういう言葉が出てきたんだと思います」

しかし、それは大きな意識《いしき》の転換《てんかん》を告げるものでした。

「あの震災《しんさい》を体験した人はみんな、『こんなことでへこたれてたまるか』という思いで立ち上がりました。助け合わなければやっていけない中で、自分だけ幸せになりたいと思った人なんかいませんでした。『もう一度みんなでいっしょに幸せになりたい』と思いました。わたし自身、あのとき、そういう方向に意識《いしき》が変わったんだと思います」

全国からボランティアが駆《か》けつけてきた

復興《ふっこう》のまちづくりへの参加を志《こころざ》した森崎《もりさき》さんでしたが、すぐに行動を起こすことはできませんでした。

壊滅的《かいめつてき》な被害《ひがい》を受けた長田《ながた》区では、区外まで避難《ひなん》しなければならなかった人も多く、震災《しんさい》前一三万人いた人口が、一気に一〇万人を割《わ》りました。減少率《げんしょうりつ》は市内九区中、最大でした。瓦礫《がれき》の山や、焼け野原と化したまちでは、タクシーを利用する人もほとんどなく、自分の会社の存続《そんぞく》と復興《ふっこう》のために、必死にならざるをえませんでした。

「このまちは見捨《みす》てられるんじゃないかと思ったこともあります。ここをもう一度更《さら》地《ち》にもどしてつくり直すよりも、どこか別のところに新しくつくったほうが早いんじゃないか、という気さえしましたから」

そんな悲観的な気持ちも感じた森崎さんに勇気を与《あた》えたのは、全国から駆《か》けつけた、たくさんのボランティアの人々の姿《すがた》でした。

今でこそ、大きな災害《さいがい》があると、全国からたくさんのボランティアが支援《しえん》に駆《か》けつけるという動きが定着しています。しかし、当時はまだ、ボランティアに対して「一部の特別《とくべつ》な人たちがすること」というイメージが強く、ごく一般《いっぱん》の市民が続々と被災地《ひさいち》支援《しえん》に駆《か》けつけるということは、前例《ぜんれい》がなく、だれも予想しなかったことでした。このため、のちに一九九五年が「ボランティア元年《がんねん》」と呼《よ》ばれるようになったほどでした。

震災《しんさい》の被害《ひがい》はあまりにも大きかったため、国や県や市の支援《しえん》はなかなか行《い》き届《とど》きませんでした。ボランティアが駆《か》けつけても、それを受け入れてうまく役割分担《やくわりぶんたん》して動いてもらうノウハウがなかったため、当初はボランティアの活動も、しばしば混乱《こんらん》しました。

そんな中、ボランティアのリーダーたちは、行政《ぎょうせい》といっしょに、連絡《れんらく》・調整《ちょうせい》のネットワークをつくっていきました。そして、外から被災地《ひさいち》に寄《よ》せられる支援《しえん》を個々《ここ》の被災者《ひさいしゃ》にまでつなぐ役割《やくわり》、被災者《ひさいしゃ》のニーズを吸《す》い上《あ》げて伝えるべきところに伝える役割《やくわり》、待ったなしの問題に現場《げんば》で対処《たいしょ》する役割《やくわり》など、さまざまな役割《やくわり》を果たしていきました。

被災者《ひさいしゃ》たちが自分の生活の再建《さいけん》で精一杯《せいいっぱい》のとき、まちを現場《げんば》で支《ささ》えていたのはボランティア。そう言っても過言《かごん》ではない状態《じょうたい》が、しばらく続きました。

しかし、それはいつまでも続くべき状態《じょうたい》ではありません。震災《しんさい》から一年後、あるボランティアのリーダーが、被災地《ひさいち》から撤収《てっしゅう》する際《さい》、後《うし》ろ髪《がみ》を引かれる気持ちを断《た》ち切《き》るかのように、地元の人々にこう言いました。

「これ以上わたしたちがいては、みなさんのまちづくりができません。あとは、みなさんでがんばってください」

まちづくりの主役はその地域《ちいき》の人々であり、ボランティアは、あくまでもお手伝い。そのことをわきまえての言葉でした。森崎さんはそれを聞いて、再《ふたた》び奮《ふる》い立《た》ちました。

「ありがとう。その通りだ。あとはおれたちの手でやらなければ。あのとき思ったように、自分がやらなければ」

そして、自分になにができるかを具体的に考えるようになり、一つの思いが結実していきました。

「あんた、なにができるんや」つながると、いいものになる

「このまちは震災《しんさい》でやさしくなりました。ボランティアのみなさんから、たくさんのやさしさをいただいて、奇《き》をてらうことなく『やさしさ』をキーワードにできるまちになりました。では、それを目に見える形にするには、どうしたらいいか……」

森崎《もりさき》さんは一九九九年、まず自分の事業で形にして、世に問いました。低公害の天然ガスを燃料《ねんりょう》とする「エコ福祉《ふくし》タクシー」（リフトシート付き）を全国ではじめて導入《どうにゅう》。いわば「環境《かんきょう》にやさしい」を形にしたサービスの開始でした。

それと並行《へいこう》して、まちづくり活動にも踏《ふ》みこんでいきました。

ある復興《ふっこう》活動の会合に顔を出したときのこと。リーダー格《かく》の人に自己紹介《じこしょうかい》をして「なにかできることはないですか」と問うと、「いくらでもあるでしょう。できることをやってくださいよ」と返されました。そんなところへ、「FM《エフエム》わぃわぃ」（第五章参照《さんしょう》）のディレクターを名乗る人がやってきて、また「なにかできませんかね」……。

FM《エフエム》わぃわぃは、震災直後《しんさいちょくご》に言葉の壁《かべ》などで必要な情報《じょうほう》を得られず、不安な状態《じょうたい》に置かれた外国人住民のために、急遽設立《きゅうきょせつりつ》されたラジオ局でした。その後、「多言語《たげんご》・多《た》文化共生《ぶんかきょうせい》のまちづくり」をテーマとするコミュニティFM《エフエム》局に移行《いこう》して、日本人にも親しまれていました。使命は、放送を通じてまちづくりに役立つことでした。

「あっ、そうだ。長田《ながた》のまちの、道路交通情報《じょうほう》を流しましょうか」

森崎さんはたまたま思いついたことを、軽い気持ちで口走りました。すると、そのディレクターは目を輝《かがや》かせて、

「それはおもしろい。ぜひやりましょう」

その場で、近畿《きんき》タクシーの情報提供《じょうほうていきょう》による、道路交通情報《じょうほう》の放送が決まってしまいました。森崎さんは、自分が言い出したことながら、この展開《てんかい》に驚《おどろ》きました。

無線機を積《つ》んだ車を、区内で常時《じょうじ》何台も流し営業《えいぎょう》させているタクシー会社にとっては、どの道がどんな状況《じょうきょう》になっているかを知るのはたやすいことであり、業務《ぎょうむ》の中でしていること。しかし、それを放送すると、一般《いっぱん》の人々にとって、今までになかった便利な情《じょう》報《ほう》になる……。森崎さんはこの件《けん》で、まちづくりへのかかわり方を発見したといいます。

「ある人が当たり前にやっていることが、ほかの人には見えていない。でも、寄《よ》っていって『あんた、なにができるんや?』と聞けば、『おお、それとこれを合せたら、こんなことができるやないか』というものが生まれてくる。おたがいのもっているものがつながると、非常にいい活動が生まれる。『これだ!』と思いました」

「できます」と答えてから いっしょに具《ぐ》体《たい》策《さく》を考える

確信《かくしん》を得た森崎《もりさき》さんは、そのころかかわり始めていた、ＪＲ《ジェイアール》新長田《しんながた》駅南地区の復興《ふっこう》まちづくり活動にも、積極的《せっきょくてき》に参加していきました。

この地域《ちいき》の六つの商店街《しょうてんがい》は、震災《しんさい》によって壊滅状態《かいめつじょうたい》になりましたが、テント張《ば》りの仮設商店街《かせつしょうてんがい》でいっしょに営業《えいぎょう》を再開《さいかい》したことから、商店街《しょうてんがい》の垣根《かきね》を越《こ》えて協力《きょうりょく》し合うようになりました。そして、一九九九年一〇月には合同で、一か月におよぶ「復興《ふっこう》大バザール」を開催《かいさい》することになりました。

森崎さんは、高齢化《こうれいか》していた客層《きゃくそう》が、震災後《しんさいご》の避難先《ひなんさき》からなかなかもどれていないなどの問題を聞き、タクシー会社として協力を申し出ました。そして、エコ福祉《ふくし》タクシーと、観光用に導入《どうにゅう》した英国《えいこく》レトロ調の「ロンドンタクシー」を投入し、客には無料で会場と駅の間をピストン輸送《ゆそう》し、バザールの成功《せいこう》に貢献《こうけん》しました。

その年の年末、バザールの実行委員会メンバーなど、ＪＲ《ジェイアール》新長田《しんながた》駅南地区の六商店《しょうてん》街《がい》の若手有志《わかてゆうし》が、地域活性化《ちいきかっせいか》を目指す任意《にんい》団体「アスタきらめき会」を設立《せつりつ》しました。森崎さんは商店街《しょうてんがい》のメンバーではありませんが、会員になりました。

翌年《よくねん》、「人にやさしい商店街《しょうてんがい》づくり」を目指した同会は、当時の通商産業省《つうしょうさんぎょうしょう》（現《げん》・経済産業省《けいざいさんぎょうしょう》）の補助《ほじょ》を受けて「高齢者《こうれいしゃ》に優《やさ》しい商店街《しょうてんがい》づくり事業」を展開《てんかい》しました。最大の呼《よ》び物《もの》は、高齢者《こうれいしゃ》や障害者《しょうがいしゃ》に三輪の電動スクーターを貸与《たいよ》して、店から店への移《い》動《どう》に利用してもらう「ショップモビリティ」システムの導入《どうにゅう》でした。

しかし、これは商店街《しょうてんがい》の中での移動《いどう》です。商店街《しょうてんがい》までの足がない人も多いことは、前《ぜん》述《じゅつ》の通りです。今度は「アスタきらめき会」のメンバーとして参加した森崎さんは、マイクロバスを投入して「買いもん楽ちんバス」と銘打《めいう》ち、商店街《しょうてんがい》・復興住宅《ふっこうじゅうたく》・病院をつなぎました。二か月の期間限定企画《げんていきかく》のまま終わりましたが、森崎さんにとっては、また一つ、まちづくりへのかかわりを深める経験《けいけん》になりました。

「商店街《しょうてんがい》の人たちは、自分たちの想像《そうぞう》で『タクシー会社だったら何々ができるでしょ

低公害の天然ガスを燃料《ねんりょう》とする「エコ福祉《ふくし》タクシー」には、リフトシートが付いています(43ページ参照《さんしょう》)。

「ロンドンタクシー・ポートキャブ」は、復興《ふっこう》大バザールでも活躍《かつやく》しました(45ページ参照《さんしょう》)。

う』と頼《たの》んできます。二《に》の足《あし》を踏《ふ》んだり断《ことわ》ったりしたら、それで話は終わってしまうので、わたしはまず『できます』と答えます。そして、具体的にどうするか、いっしょに考えていきます。その中で、彼《かれ》らはタクシー会社がほんとうにできることはなにかを発見していきますが、わたし自身、自分の会社にできることを新たに発見したりするんです。そうやって、まちとのかかわりが増《ま》していきました」

ユニバーサルデザインとは「みんなの幸せ」

まちとのかかわりが増《ま》す中で新たに導入《どうにゅう》したのが、車いす利用者もそのままで乗車できる「ユニバーサルデザインタクシー」。いわば「人にやさしい」を形にしたサービスの開始でした。

車両はワゴン型《がた》で、車いす利用者が乗る場合は、三列目の座席《ざせき》をはね上げ、後部から車いすに乗ったまま乗車できるしくみになっています。しかし、だからといって利用を車いす利用者に限定《げんてい》しているわけではなく、一般《いっぱん》の乗客も、ふつうのタクシーと同じように利用できることとしました。

じつは、近畿《きんき》タクシーでは、それ以前から、車いすに対応《たいおう》できるリフト付きの車両は持っていて、福祉《ふくし》タクシーとして運行していました。

「当時、タクシー業界の目には、冷ややかなものがありました。『社会貢献《こうけん》か。売上も上がらないのにしんどい話やな』というような。わたし自身も、なにか特別《とくべつ》なことをしているという思いがありました」

ところが、まちづくり活動に積極的《せっきょくてき》にかかわるうちに、障害者《しょうがいしゃ》や高齢者《こうれいしゃ》が特別《とくべつ》な人ではないことに思《おも》い至《いた》りました。

タクシーは、いろいろな人が利用します。最終の電車やバスに乗《の》り遅《おく》れた人、重い荷物を持った人、小さな子どもを抱《かか》えた人、急に雨に降《ふ》られて傘《かさ》がわりに利用する人、歩ける距離《きょり》でも時間がないという理由で利用する人……。

「そうか、タクシーのお客さんというのは、みんななんらかの移動制約《いどうせいやく》がかかっている人ではないか。高齢者《こうれいしゃ》や障害者《しょうがいしゃ》は、別に特別《とくべつ》なお客さんじゃない。そのことに気づいて、狭《せま》い意味の福祉《ふくし》ではなく、『みんなの幸せ』という、広い意味での福祉《ふくし》、それを考えたときに、ユニバーサルデザインという言葉に行き着きました」

ユニバーサルデザインは、一九八〇年代半《なか》ばにアメリカで提唱《ていしょう》された考え方で、「すべての人にとって可能《かのう》なかぎり使いやすい製品《せいひん》や環境《かんきょう》のデザイン」と定義《ていぎ》されています。

バリアフリーが、障害者《しょうがいしゃ》や高齢者《こうれいしゃ》が社会生活に参加する上で支障《ししょう》となるもの（バリア）を取りのぞくという考えであるのに対し、ユニバーサルデザインは、最初からバリアができないようにデザインするという考え方です。しかも、障害者《しょうがいしゃ》や高齢者《こうれいしゃ》だけでなく、女性《じょせい》・子ども・外国人など、すべての人の事情《じじょう》を考慮《こうりょ》してデザインするということに、重点を置いています。

しかし、森崎《もりさき》さんがユニバーサルデザインタクシーを始めた当時、日本はまだ、バリアフリーの重要性《じゅうようせい》がようやく広く理解《りかい》された段階《だんかい》でした。ユニバーサルデザインは、まだ知られ始めたばかりの新しい外来語で、その意味まで正確《せいかく》に理解《りかい》する人は少なかったのです。

そんなときに、ユニバーサルデザインを「みんなの幸せ」という意味でとらえた森崎さんの感覚は、被災地《ひさいち》で「もう一度みんなでいっしょに幸せになりたい」と願った人ならではのものでした。

タクシーの固定観念《こていかんねん》を溶《と》かしてしまえ

「タクシー業とは移動制約《いどうせいやく》のある人のニーズに、どう応《こた》えていくかということではないか。そのことに気づいて、それまでの『タクシーとはこういうもの』という固定観念《こていかんねん》が氷解《ひょうかい》しました」

この気づきから、森崎《もりさき》さんは次々と新しいサービスを生み出していきました。

たとえば、二〇〇二年の春から始めた「お花見タクシー」。これは、九人まで乗れるジャンボタクシーで、地元の花見の名所まで送迎《そうげい》するサービス。ドライバーによる場所取りの手伝い、紅白《こうはく》の陣幕《じんまく》やござなど、宴席設営《えんせきせつえい》用具の貸《か》し出《だ》しなどもして、お花見客の手間と制約《せいやく》の軽減《けいげん》を図《はか》っています。

その直後には、出前を行っていない飲食店の料理などを自宅《じたく》まで運ぶ「出前タクシー」を始めました。これは、高齢者《こうれいしゃ》・障害者《しょうがいしゃ》・乳幼児《にゅうようじ》がいる家庭など、外出に制約《せいやく》がある人向けのサービスです。

同年夏には「海のタクシー」を始めました。これは、地域《ちいき》の人々の自宅《じたく》と阪神間《はんしんかん》の代表的な海水浴場である、須磨《すま》海岸（長田《ながた》区の西隣《にしどなり》・須磨《すま》区内）の間を送迎《そうげい》するサービスで、水着のまま乗って往復《おうふく》できるのがセールスポイントです。

車いすの人にも対応《たいおう》していて、リフト付きタクシーで送迎《そうげい》し、海岸では国民宿舎《しゅくしゃ》「シーパル須磨《すま》」の砂浜用車いすを利用できるようにしています。

同年一一月には、塾通《じゅくがよ》いの子どもの送《おく》り迎《むか》えをする「安心かえる号」を始めました。塾《じゅく》に通う子ども、仕事をもつ母親が増《ふ》え、子どもに夜道の一人歩きをさせたくなくても、親が送《おく》り迎《むか》えができないケースが増《ふ》えました。そういう制約《せいやく》のための不安を抱《かか》えている親の気持ちに応《こた》えたのが、このサービスです。

こうしたユニークなサービスの展開《てんかい》をふり返って、森崎さんは言います。

「タクシーは、つなぐ仕事です。やることと言ったら、基本的《きほんてき》には車とドライバーを必要な場所に差し向けるだけです。しかし、まちづくりにかかわっていろいろなニーズが見えてくると、つながっていないところをつなぐことのできる資産《しさん》を、自分たちが持っていることに気づいたんです。その気づきが大きかったですね」

森崎さんは、広く浅い流し営業《えいぎょう》を中心とするふつうのタクシー業者から、地域《ちいき》に深く入りこんで、掘《ほ》り起《お》こしたニーズに応《こた》える特異《とくい》なタクシー業者に変わりました。しかし、森崎さんにとって、それこそが自社にできる真の「地域密着《ちいきみっちゃく》のサービス」でした。

「地域密着《ちいきみっちゃく》のサービス」という言葉は、いろいろなサービス業の人々が、決まり文句のように使います。震災前《しんさいまえ》の森崎さんも、「タクシー会社とはそういうことをする会社」という認識《にんしき》で、深く考えずに使っていました。震災《しんさい》で生まれ育ったまちを失い、まちづくり活動へと突《つ》き動《うご》かされてはじめて、自分にとって真の地域密着《ちいきみっちゃく》サービスとはなにかが、見えてきたのでした。

被災地《ひさいち》・長田《ながた》を観光のまちに!?

森崎《もりさき》さんは、震災《しんさい》からの復興《ふっこう》のまちづくり活動を通じて感じたニーズを、自分のビジネスに結び付けるだけにはとどまりませんでした。それと並行《へいこう》して、アイデアと行動力で、まちづくり活動を引っぱっていくリーダーにもなっていきました。

始まりは、「長田《ながた》を観光のまちにしましょう」という提案《ていあん》でした。

二〇〇一年、アスタきらめき会や地元の商店街《しょうてんがい》・企業《きぎょう》などが、継続的《けいぞくてき》にまちづくり事業を行っていくための会社「神戸《こうべ》ながたＴＭＯ《ティーエムオー》」を設立《せつりつ》し、森崎さんも地元企業《きぎょう》の一員として、出資《しゅっし》して参加しました。

当時、長田《ながた》区では復興《ふっこう》事業が続いていましたが、復興《ふっこう》を象徴《しょうちょう》するような立派《りっぱ》な建築物《けんちくぶつ》は、個々の商店主の事業や客層《きゃくそう》の人々の暮《く》らしの復興《ふっこう》に、かならずしも結びついていませんでした。区の人口は、震災後《しんさいご》六年をへても、減少《げんしょう》が続いていました。待っていても人はもどってこない。自分たちはどうしたら真に復興《ふっこう》できるか。その問題意識《いしき》から生まれたのが、「長田《ながた》を観光のまちに」という提案《ていあん》でした。

「なにを見せるんや？」という声に、森崎さんはこう答えました。

「みなさんですよ。みなさんの、復興《ふっこう》へのがんばり方は尋常《じんじょう》ではない。光《ひか》り輝《かがや》いている。ほかでは見られないその姿《すがた》は、見てもらわんといかんと思います」

すると、強い批判《ひはん》の声が飛びました。

「あんた、震災《しんさい》を売り物にするんか⁉　言うてくれ、だれになにを見せるんや⁉」

森崎さんは答えました。

「みなさんのがんばりを、修学《しゅうがく》旅行で来る子どもたちに見せるんです。みなさんには忘《わす》れたいこともいっぱいあるでしょう。でも、伝えなあかんことも、いっぱいあるんとちゃいますか？　震災《しんさい》の傷跡《きずあと》を見てもらおうというのではありません。見てもらいたいのは、みなさんのがんばりです」

その後、メンバーとの間で、およそ次のようなやりとりが交《か》わされたそうです。

森崎「五年間一生懸命《いっしょうけんめい》やってきた甲斐《かい》が、あったんか、なかったんか⁉」

メンバー「わからんなあ……」

森崎「でも、これからもやっていくんでしょう。妙《みょう》に元気じゃないですか？」

メンバー「あれからずっと元気や。元気やなかったら、生きていけるかいな！」

森崎「その元気さが貴重《きちょう》やねん。それを子どもたちに伝えようよ」

メンバー「おもろいやないか。こうなったら、なんでも売ろうや。おれたちの元気が売れるんだったら、売ろうやないか。やってくれ」

森崎さんは、メンバーの心中をこう斟酌《しんしゃく》します。

「震災《しんさい》直後は、みんな『こんなことでへこたれてたまるか』と、火事場の馬鹿力《ばかぢから》で立ち向かいました。一、二年はそれでももちました。しかし、三年、四年となると、もうもたなくなってくる。五年がたち、みんなほんとうのところは疲《つか》れ切《き》っていました。それで、最終的には『売れるものがあるなら売ろうやないか』というところに落ち着いたんだと思います」

被災地《ひさいち》・長田《ながた》を観光のまちにする――。この発想には下地《したじ》がありました。アスタきらめき会の商店主たちは、それまでも視察団《しさつだん》の受け入れはしていました。自分たちの事業の復興《ふっこう》がかならずしも順調ではない中、説明も資料《しりょう》の用意も、すべてボランティアで行っていました。それを見て、森崎さんは思いました。

「これからも持続可能《じぞくかのう》なものにするには、観光化したほうがいい」

森崎さんは観光タクシーの事業もしてきたので、視察団《しさつだん》が訪《おとず》れて話を聞く商店主たちが、訪《おとず》れる価値《かち》のある観光資源《しげん》に見えました。しかし、被災地《ひさいち》の人々を見世物《みせもの》にするようにも受け取られかねない話は、なかなか言い出せるものではなく、ボランティアで続けていくことの限界《げんかい》を見極《みきわ》めた時点での提案《ていあん》になりました。

修学《しゅうがく》旅行生に被災地《ひさいち》の思いを伝えることについては、別の下地《したじ》がありました。

震災《しんさい》から数年後、森崎さんは神戸《こうべ》を訪《おとず》れた小学生の親子と学校の先生から「被災地《ひさいち》を見て回りたい」という注文を受けました。「それなら」と自《みずか》らタクシーに同乗して、長《なが》田《た》のまちを案内しました。その経験《けいけん》から「いつかはこういうツアーをやりたい」という気持ちを抱《いだ》きました。

その後、すでに修学《しゅうがく》旅行受け入れ事業を企画立案《きかくりつあん》していたNPO《エヌピーオー》（特定非営利《とくていひえいり》活動法人）「神戸《こうべ》まちづくり研究所」の森栗茂一《もりくりしげかず》さん（現《げん》理事・大阪《おおさか》大学コミュニケーションデザインセンター教授《きょうじゅ》）と出会って教示《きょうじ》を受け、神戸《こうべ》ながたTMO《ティーエムオー》の事業として提案《ていあん》することになったのでした。

その後、神戸《こうべ》まちづくり研究所の修学《しゅうがく》旅行受け入れ事業は、森栗さんの当初からのコンセプト通り、非営利《ひえいり》のまちづくり活動の一つとして実施《じっし》されていきます。一方、株式《かぶしき》会社《がいしゃ》である神戸《こうべ》ながたTMO《ティーエムオー》による事業は、森崎さんらを中心に、地域経済《ちいきけいざい》の活性化《かっせいか》という視点《してん》をもちながら実施《じっし》されていきます。

ここで一度森崎さんの話を離《はな》れ、修学《しゅうがく》旅行受け入れ事業とまちづくりについて、森栗さんの発案の経緯《けいい》から見ていきましょう。

修学《しゅうがく》旅行生が長田《ながた》の人たちと交流するプログラム

「ああいう非常時《ひじょうじ》には、人がユニバーサルにつながるんですね。新聞記者、お医者さん、書店の社長、フォークソングを歌っている人、研究者……。それぞれ専門《せんもん》がちがって、つきあいもなかった人たちが、震災《しんさい》直後に『このまちをどうしよう』という気持ちでつながって、みんなで議論《ぎろん》を始めたんです」

長田《ながた》区出身の民俗学者《みんぞくがくしゃ》である森栗《もりくり》さんは、これを契機《けいき》に本格的《ほんかくてき》に地元神戸《こうべ》の復興《ふっこう》まちづくりにかかわるようになりました。

議論《ぎろん》は「市民の側から復興《ふっこう》の理念と案を創《つく》ろう」という方向に進み、震災《しんさい》の翌年《よくねん》に「神戸復興塾《こうべふっこうじゅく》」という有志《ゆうし》の団体《だんたい》が設立《せつりつ》されました。さらに、これが発展《はってん》して、計画的・持続的に復興《ふっこう》まちづくりに取り組むことを目的に、一九九九年に「神戸まちづくり研究所」が設立《せつりつ》されました。

この経緯《けいい》の中で森栗さんは、被災地《ひさいち》の現実《げんじつ》を知らない人には現場《げんば》を見せるのが一番と考え、各種の専門家《せんもんか》・新聞記者・議員・役人などいろいろな人を現場《げんば》に案内して、まちの人々の生の声を聞いてもらいました。そこで一つのことに気づきました。

「震災《しんさい》から何年もたつと、当初のがんばりはなくなって、防災《ぼうさい》活動などもだんだんと尻《しり》すぼみになってくる。ところが、よその人に見られるようになると、またがんばるんです。子どもたちに見られると、もっとがんばるんです」

子どもが置かれている状況《じょうきょう》を見渡《みわた》してみると、学校では総合的《そうごうてき》学習の時間が設《もう》けられ、子どもが命の大切さや生きる意味について、体験的に学び取れるような教育が求められていました。観光地を訪《おとず》れるだけの修学《しゅうがく》旅行に対する見直しの機運も起きていました。

そこでひらめいたのが、修学《しゅうがく》旅行生が被災地《ひさいち》の人々と交流してその体験に学ぶ「震災《しんさい》体験現地《げんち》交流プログラム」でした。

現場《げんば》でまちづくりの議論《ぎろん》を重ねてきた人々の理解《りかい》は早く、学校からの依頼《いらい》もあり、二〇〇〇年、プログラムは順調にスタートしました。しかし、長田《ながた》区内での実施《じっし》を森崎《もりさき》さんたち神戸《こうべ》ながたTMO《ティーエムオー》が担《にな》うことになり、まちづくり研究所が中央《ちゅうおう》区に新たに受け入れ先を探《さが》すと、そこには壁《かべ》がありました。

「最初は怪《あや》しい物売りみたいに思われたこともありましたよ。『なにをしに来たの？』『ここで商売をしたいの？』という感じ。NPO《エヌピーオー》と言っても理解《りかい》されない。大学の先生という肩書《かたが》きがあったから、かろうじて話は聞いてくれたという感じでした」

「このまちをどうしよう」という思いで、おたがいの所属《しょぞく》や肩書《かたが》きなど関係なしにつながれた時期は、そう長くはありませんでした。建築物《けんちくぶつ》などの復旧《ふっきゅう》と並行《へいこう》して、所属《しょぞく》や肩書《かたが》きなどが人と人の間につくる垣根《かきね》や段差《だんさ》も復旧《ふっきゅう》したのです。そして、震災《しんさい》から五年あまりがすぎた段階《だんかい》では、震災《しんさい》の記憶《きおく》も、防災《ぼうさい》の意識《いしき》も、風化《ふうか》が進んでいました。

プログラムに参加することにした自治会《じちかい》・婦人会《ふじんかい》・福祉団体《ふくしだんたい》などの人々は、修学《しゅうがく》旅行生受け入れの準備段階《じゅんびだんかい》から、震災《しんさい》の記憶《きおく》や防災《ぼうさい》の意識《いしき》を再構築《さいこうちく》することになりました。

プログラムのコーディネーターを務《つと》める東末真紀《とうすえまき》さんは、こう語ります。

「来てもらえるからということで、震災《しんさい》の記憶《きおく》をあらためてふり返り、『自分たちがほ

13:00 個別《こべつ》プログラム

- まち歩き
- 商店街《しょうてんがい》探険《たんけん》

商店主インタビュー

- 震災《しんさい》体験談をきく

など

15:00 解散《かいさん》

修学《しゅうがく》旅行・震災《しんさい》体験現地《げんち》プログラム

（プログラム例《れい》）

9:50	オリエンテーション 現地世話人紹介《しょうかい》
10:00	炊《た》き出《だ》し体験 （震災《しんさい》を乗《の》り越《こ》えたコミュニティの人たちといっしょに作る）

11:30	食事とあとかたづけ

んとうに伝えたいことはなんだろう』と自問して核《かく》を探《さが》そうとする。防災《ぼうさい》活動についても、あらためて『ふだんから、ちゃんとやっとかなアカンな』と思う。来てもらえるかということで、ほんとうにいろいろなことを考えてくださるんです」

東末さんは、受け入れ団体《だんたい》を訪《たず》ね歩《ある》き、人々の話を聞き、なにを話してもらうか、なにをしてもらうか、いっしょにプログラムの内容《ないよう》を詰《つ》めていきました。自分が震災《しんさい》を体験していないこともあって、率直《そっちょく》に「それはどういうことですか?」と聞くことができたり、「それはぜひ伝えましょうよ」と提案《ていあん》することができたそうです。

第三者の感覚で、いっしょに伝えるべきことを取捨選択《しゅしゃせんたく》し、伝わる内容《ないよう》にしていく。そして、修学《しゅうがく》旅行生とつなぐ。この役割《やくわり》は重要です。

近畿《きんき》タクシーの森崎さんは、「タクシーはつなぐ仕事」と言い、「つながっていないところをつなぐ」という発想で地域《ちいき》の人々に次々と新しいサービスを提供《ていきょう》し、商店街《しょうてんがい》の復興《ふっこう》まちづくりにも貢献《こうけん》しています。

神戸《こうべ》まちづくり研究所がこのプログラムでしているのも、「つなぐ仕事」といえます。

修学《しゅうがく》旅行生と震災《しんさい》体験者という「つながっていないところをつなぐ」ことよって、被《ひ》災地再活性化《さいちさいかっせいか》の機会を提供《ていきょう》し、子どもが貴重《きちょう》な体験を得ることにも貢献《こうけん》しているのです。

魂《たましい》の交流がまちの値打ちに

修学《しゅうがく》旅行生受け入れ団体《だんたい》の活動ぶりを、一つ紹介《しょうかい》しましょう。
「NPO《エヌピーオー》輝《かがやき》うんちゅう」は、新幹線《しんかんせん》の新神戸《しんこうべ》駅がある雲中《うんちゅう》地区の婦人会《ふじんかい》から生まれたNPO《エヌピーオー》法人です。震災《しんさい》体験現地《げんち》交流プログラムでは、炊《た》き出《だ》しやまち歩きなどを通して、震災《しんさい》直後の状況《じょうきょう》をどう生《い》き抜《ぬ》いたか、ふだんからどんな備《そな》えが必要なのかなどを伝えてきました。

メンバーの一人、宮本幸子《みやもとさちこ》さん（仮名《かめい》）は、地震《じしん》が起きたとき、自宅《じたく》二階《かい》の寝室《しんしつ》で目を覚ましました。あまりの激《はげ》しい揺《ゆ》れに、起き上がることもできず、「家が倒《たお》れるー！」と言いながら布団《ふとん》にしがみついているほかなかったそうです。

揺《ゆ》れがおさまって枕元《まくらもと》の携帯《けいたい》ラジオを聞いて、たいへんな事態《じたい》が起きていることを知りました。そのうち、階下《かいか》の様子を見に行った夫《おっと》が「痛《いた》っ」と小さく叫《さけ》ぶのが聞こえました。それを聞きつけた長男が懐中電灯《かいちゅうでんとう》を探《さが》しに来たので、枕元《まくらもと》に置いていたものを貸《か》しました。

宮本さんにとって震災《しんさい》は、阪神《はんしん》大水害（一九三八年）、太平洋戦争末期《たいへいようせんそうまっき》の大空襲《だいくうしゅう》（一九四五年）、一九六七年の大水害に続く、人生四度目の大災害《だいさいがい》でした。しかし、枕《まくら》元《もと》のラジオや懐中電灯《かいちゅうでんとう》は、災害《さいがい》への備《そな》えというわけではありませんでした。

「ラジオは、布団《ふとん》に入っても眠《ねむ》れないときや、朝早く目が覚めてしまったときに聞いていたものです。懐中電灯《かいちゅうでんとう》も、夜布団《ふとん》から出てなにかするときに、いちいち部屋のあかりをつけないために置いていていただけです。地震《じしん》で役立つなんて、考えたこともありませんでした。なにしろ、神戸《こうべ》では地震《じしん》は絶対《ぜったい》にないとまで言われていましたから」

だから、枕元《まくらもと》にスリッパの備《そな》えはなく、夫が壊《こわ》れた扉《とびら》のガラス片《へん》を素足《すあし》で踏《ふ》んでしまうことになりました。

宮本さんは修学《しゅうがく》旅行生たちに震災《しんさい》直後からの体験を語るとき、まずこの話をし、「だからみんなも、携帯《けいたい》ラジオ・懐中電灯《かいちゅうでんとう》・スリッパ、この三つは枕元《まくらもと》に用意しておいてね」と語りかけます。

宮本さんの住む地域《ちいき》では、家を失って避難所暮《ひなんじょぐ》らしを強《し》いられた人はあまりいませんでした。しかし、徒歩《とほ》十分ほど南に行ったあたりからの被害《ひがい》は大きく、避難所《ひなんじょ》になった近くの小学校には、その地域《ちいき》の家を失った人々がおおぜいやってきました。

震災《しんさい》数日後、婦人会《ふじんかい》のメンバーから「避難所《ひなんじょ》のお手伝いができる人は行きましょう」という連絡《れんらく》が回りました。電話が不通になっていたので、口伝《くちづた》えで回し、宮本さんも炊《た》き出《だ》しなどの手伝いに加わりました。

炊《た》き出《だ》しには避難所《ひなんじょ》の人たちだけでなく、家が無事残った近隣《きんりん》の人たちも集まって、列ができました。地域《ちいき》のスーパーなどは、震災《しんさい》の朝に、残っていた物を売り切って閉店《へいてん》していました。車がない家や、あっても道が使えなくなっている地域《ちいき》の人は、避難所《ひなんじょ》に頼《たよ》るしかありませんでした。しかし、やはり家も失って避難所《ひなんじょ》ですごしている人が優先《ゆうせん》なので、外から来て並《なら》んでも、もらえない人が出ることもありました。

宮本さんたちは数か月にわたって、そんな避難所《ひなんじょ》の手伝いをしました。日常生活《にちじょうせいかつ》にもどって気づくと、地域《ちいき》の活動は、以前よりも活発になっていました。

神戸市《こうべし》では、震災前《しんさいまえ》から小学校区ぐらいの単位で「ふれあいのまちづくり協議会《きょうぎかい》」が組織《そしき》されていました。これは、自治会《じちかい》・婦人会《ふじんかい》・老人会・子ども会などの地域組織《ちいきそしき》によって構成《こうせい》されるもので、住民相互《そうご》の交流をさかんにして、助け合いが生まれる土壌《どじょう》を培《つちか》うことが目的でした。震災《しんさい》で、人々が日頃《ひごろ》からの交流と助け合いの大切さを痛感《つうかん》したことにより、多くの地域《ちいき》で活動が活発化しました。

宮本さんたちは、雲中《うんちゅう》地区の協議会《きょうぎかい》が行う防災訓練《ぼうさいくんれん》に積極的《せっきょくてき》に参加。三角巾《さんかくきん》の使い方、心肺蘇生法《しんぱいそせいほう》、担架《たんか》の使い方などの技術《ぎじゅつ》を学び、修了証《しゅうりょうしょう》をもらったといいます。

雲中婦人会《うんちゅうふじんかい》は、NPO《エヌピーオー》法人「NPO《エヌピーオー》輝《かがやき》うんちゅう」になって、高齢者《こうれいしゃ》がなるべく長く、介護《かいご》のいらない生活を送れるように、心身の健康に役立つサービスをする、生きがい型デイサービス事業を始めました。会場の地域福祉《ちいきふくし》センターの一階《かい》が保育所なので、そこの子どもたちとお年寄《としよ》りの交流の機会も設《もう》けています。

また、「輝《かがやき》うんちゅう」では、地域《ちいき》のエコ活動にも取り組むようになりました。資源《しげん》回収《かいしゅう》、公園の清掃《せいそう》、新神戸《しんこうべ》駅前の花壇《かだん》の手入れなどです。

家庭ゴミを公園に捨《す》てる人に対して注意を促《うなが》す看板《かんばん》を作るときには、「プロの絵より小学生の絵のほうが効果《こうか》があるのでは」と考え、近くの小学校の快諾《かいだく》を得て、子どもたちに描《か》いてもらいました。

宮本さんは、こうした活動をふり返って、次のように語ります。

「震災前《しんさいまえ》にはこういう交流はありませんでした。デイサービスやエコ活動は、震災《しんさい》とも防災《ぼうさい》とも直接《ちょくせつ》関係はありませんが、みんな震災《しんさい》によって日頃《ひごろ》からの交流を大切に思うようになったので、学校などとも、すっとつながれるようになったんだと思います」

そんなところへ舞《ま》いこんだのが、修学《しゅうがく》旅行受け入れ事業の話でした。

「それまでも子どもと交流して、いい活動になった下地《したじ》があったので、すんなりと受け入れることに決まりました」

研究所との打ち合わせをへて、体験学習としては、河川敷《かせんじき》の公園で炊《た》き出《だ》しなどをすることに決まりました。公園使用の許可《きょか》を得たり、子どもたちの包丁《ほうちょう》の腕《うで》には頼《たよ》れないので下ごしらえをしたりと、いろいろ手間はかかりました。しかし、大きな鍋釜《なべかま》などは地域《ちいき》の防災倉庫《ぼうさいそうこ》に用意されており、材料さえあればできる状態《じょうたい》になっていました。

「作ったのは、震災後《しんさいご》の実際《じっさい》の炊《た》き出《だ》しでよく作った豚汁《とんじる》とご飯《はん》です。ほかにおかずなんかなかったのよ。器だって十分なかったから、ご飯《はん》はおにぎりにしたのよ……。そういうことを伝えながら、いっしょに楽しく作っています」

なんでも買って食べられて当たり前、家で食事の支度《したく》の手伝いなんかしなくて当たり前という時代の子どもたちには、最初は、包丁《ほうちょう》を使うのもおにぎりを握《にぎ》るのも、ぎこちない子が多いそうです。

「でも、だんだん上手になって、最後には『おもしろかった』と言ってくれます」と宮本さんは目を細めます。「伝えたいのは震災《しんさい》の悲惨《ひさん》さではないのですね」と問うと、

「そうです。どうやって生きていくかということ。難《むずか》しい話ではなく、具体的な技術《ぎじゅつ》

を見せてあげています。器がないからおにぎりとか、水の運び方とか……」

水の運び方とは、震災《しんさい》でバケツが壊《こわ》れてしまって、段《だん》ボール箱とビニールのゴミ袋《ぶくろ》しかないときに、どうやって川から水を運んでくるかという課題です。

最初、子どもたちはゴミ袋《ぶくろ》に水を入れて持ち運ぼうとしますが、これではうまく持てません。そこで体験者が登場。さかさにした段《だん》ボール箱をゴミ袋《ぶくろ》の中に入れて包み、ひっくり返します。そうやって水を入れられる箱にすると、持ち運びやすいことを教えます。

そこで、子どもたちは一人ひとり川で水をくんで河川敷《かせんじき》を上がろうとします。すると、また体験者が登場。みんなでならんで箱をリレーすれば、楽なことを教えます。バケツリレーを知らない子も少なくないそうです。これは、一人ひとりでやるよりもみんなで協力してやるほうがよいこと、そのためには、ふだんから交流があったほうがよいことが、具体的にわかる体験になります。

宮本さんたちにとって、孫《まご》のような年齢《ねんれい》の子どもと交流して体験を伝えることは、やりがいのある楽しい活動になっています。ほかの活動とちがって、まちの外の人たちに伝える点も、大きな魅力《みりょく》になっています。

「毎回、子どもたちが帰ったあとに手紙をくれるんですけど、『神戸《こうべ》から帰ってから、ぼくもベッドの横にスリッパを置いています』なんて書いてあると、『ああ、うれしいなあ。ちゃんと聞いてくれていたんだなあ』と思います」

「震災《しんさい》体験現地《げんち》交流プログラム」の発案者・森栗《もりくり》さんは、プログラムにこめる思いを次のように語っています。

「いろいろなところと魂《たましい》の交流があることは、まちの値打ちになっていくと思うんです。自分のまちに思いを寄《よ》せる人が、いろいろなところにいるというのは、豊《ゆた》かじゃないですか。

ぼくら神戸《こうべ》の人間は、『なんで神戸《こうべ》がこんなことに』と何度思ったことか。『大阪《おおさか》はあんなにキラキラ輝《かがや》いているのに、なんで神戸《こうべ》はこんなにしんどいのか』とか。そういう共通体験があるから、ほかのまちに負けない、いいまちをつくりたいという思いも強い。

でも、その方向はなんなのか。中を見れば、産業は落ちこむ。高齢化《こうれいか》は進む。頭が痛《いた》い話ばかりですよ。そこで大事なのが、コミュニケーション。内部の人間が垣根《かきね》を越《こ》えて語り合えるとか、外から来る人がバリアを感じずに入ってこられるとか、そういうまちが少しでもできたらいい。ぼくの中には、そういう思いがあるんです」

「ぼっかけ」や「スイーツ」でまちを活性《かっせい》化《か》する

まちづくり会社「神戸《こうべ》ながたTMO《ティーエムオー》」のメンバーとなった近畿《きんき》タクシーの森崎《もりさき》さんは、この修学《しゅうがく》旅行受け入れ事業を旅行商品にして、長田《ながた》を観光のまちとして全国にPR《ピーアール》しようと考えました。

神戸《こうべ》まちづくり研究所の事業の受け入れ先は、自治会《じちかい》や婦人会《ふじんかい》などの非営利《ひえいり》の地域団《ちいきだん》体《たい》ですが、森崎さんが考えていたのは商店街《しょうてんがい》。そこは、森栗《もりくり》さんも指摘《してき》した「よその人に見られると、またがんばる。子どもに見られると、もっとがんばる」という効果《こうか》は同じでも、商売が活気づかなければ、ほんとうの元気は生まれない側面があります。

森崎さんの提案《ていあん》が「売れるものがあるなら売ろうやないか」と受け入れられてスタートした、神戸《こうべ》ながたＴＭＯ《ティーエムオー》の修学《しゅうがく》旅行受け入れ事業。生徒たちの受け入れが始まると、ほどなく商店街《しょうてんがい》らしい話が生まれました。

「土産《みやげ》物がない。名物を作ろう」

長田《ながた》には一足早く全国的に有名になった食べ物がありました。「そばめし」です。工場で働く人々が、焼きそばを焼いているところに冷やご飯《はん》を持ちこんで混《ま》ぜて焼いてもらったのが始まりという「そばめし」。長田の人々にとっては商品化を検討《けんとう》するような物ではなかったそうですが、それが冷凍《れいとう》食品メーカーから商品化されて大ヒット。今さら長田《ながた》の土産《みやげ》物にならないほど全国化していました。

森崎さんたちが「ほかになにかないか」ということで注目したのは、「ぼっかけ」という、牛筋《ぎゅうすじ》とコンニャクを甘辛《あまから》く煮《に》た料理でした。うどんにトッピングして食べるのが定番でしたが、若《わか》い人たちには昔《むかし》ほど食べられなくなっていたので、くふうも必要と考えられました。

森崎さんは、業務《ぎょうむ》用調理食品の大手メーカー・MCC《エムシーシー》食品の工場が区内にあることから、神戸《こうべ》ながたTMO《ティーエムオー》の商業活性《かっせい》事業部長として、そこに相談をもちかけました。その結果、同社が業務用《ぎょうむよう》で全国一を誇《ほこ》るカレーとの組み合わせで、レトルトの「神戸長田《こうべながた》ぼっかけカレー」「神戸長田《こうべながた》ぼっかけカレーラーメン」が誕生《たんじょう》。これが、当初の目標を大幅《おおはば》に上回る大ヒットになりました。

神戸《こうべ》ながたTMO《ティーエムオー》には、その後、ほかのメーカーからも「ぼっかけ」の引き合いがあり、カップめんやドーナツなど、いくつかの商品を通じて「神戸長田《こうべながた》の名物」として発信されていきました。

森崎さんは、このヒットの意味を、次のように語ります。

「これも地元の資源《しげん》の発掘《はっくつ》です。このまちは震災後《しんさいご》、不景気《ふけいき》が続いて自信を失っていました。そんな中、自分たちにとってはありふれたものが、人様《ひとさま》に喜ばれました。長田《ながた》のメッセージを伝える商品になって、それが売れていって、復興《ふっこう》のまちの動きとしてテレビなどにも取り上げられました。これは自信の回復《かいふく》につながったと思います」

森崎さんの「地元資源《しげん》の発掘《はっくつ》」活動は、その後も続いています。

本書出版《しゅっぱん》の時点で人気を集めているものとしては、二〇〇六年から始めた「神戸《こうべ》スイーツタクシー」があります。これは、神戸《こうべ》の観光名所と有名洋菓子店《ようがしてん》を、ドライバーがガイド役もしながら案内するというもので、店側では利用客のための特別《とくべつ》なメニューやサービスも用意しています。

森崎さんはあるとき、神戸の有名菓子《かし》店も観光客を呼《よ》べる資源《しげん》だと気づき、神戸《こうべ》スイーツタクシーを企画《きかく》しました。店側には「観光で来たお客さんをもてなすという視点《してん》をもつと、もう一つ世界が広がりますよ」と提案《ていあん》して、協力を求めました。協力店がいくつか現《あらわ》れたことで企画《きかく》は実現《じつげん》。その後、六店が協力してくれるまでになりました。

「これは、商店主に『修学《しゅうがく》旅行で来る子どもたちの語り部になってくれ』と頼《たの》み、名物を作って迎《むか》え、長田《ながた》ブランドを発信したのと同じです。この地域《ちいき》にあるものにひと手間かけて、神戸《こうべ》ブランドを発信したわけです」と、森崎さんは語ります。

しかし、なぜこうした取り組みを、次々と実現《じつげん》できるのでしょうか。

「それは、つながりやすいからです。なんでつながるのかと言えば、『神戸《こうべ》の魅力《みりょく》をもう一度つくりあげたい』という気持ちです。震災《しんさい》以来、そう思ってここまでやってきた。だから、ケーキ屋さんも『あなた自身がこのまちの魅力《みりょく》を発信できる』と言うと、協力してくれるんです」

神戸スイーツタクシーが話題になった森崎さんには、商店街《しょうてんがい》の人から「甘口《あまくち》ばかりやってないで辛口《からくち》もやらんかい！」という声が飛んだそうです。森崎さんは「それ、おもろいな。今度、お酒のほうでも企画《きかく》してみるわ」と応《おう》じたとか。

つながっていないところをつなぎ、地域《ちいき》や職業《しょくぎょう》などの垣根《かきね》を越《こ》えて話せる関係が増《ふ》えるほどに、森崎さんはまちが活性化《かっせいか》する手ごたえを感じています。

3

商《しょう》店《てん》街《がい》にできること

惣《そう》菜《ざい》店《てん》の店主が架《か》ける地《ち》域《いき》連《れん》携《けい》の橋

その朝、長田神社前商店街《ながたじんじゃまえしょうてんがい》で惣菜店《そうざいてん》を経営《けいえい》する村上季実子《むらかみきみこ》さんは、店に出かけようとしたときに、かぜをひいたような寒気を感じて、もう一度布団《ふとん》にもぐりこみ、少しウトウトしました。地震《じしん》に襲《おそ》われたのはそのときでした。

ドカーンと家になにか大きなものが落ちてきたような衝撃《しょうげき》。続いて、人をベッドからふり落としにかかるような大きな横揺《よこゆ》れ。村上さんはベッドにしがみついたまま、なにが起きているのかわからず、「なにこれ!?」と叫《さけ》びました。すると、隣《となり》にいた夫が「地震《じしん》や!」。それではじめて「地震《じしん》」と思ったそうです。

幸《さいわ》い、家が倒《たお》れることはなく、部屋に倒《たお》れてくるような家具を置いてもいなかったので、けが一つせずにすみました。店も、比較的《ひかくてき》新しいビルに入居《にゅうきょ》していたためか、倒壊《とうかい》することはありませんでした。店に行く通り道にしていた長田神社《ながたじんじゃ》の石の鳥居《とりい》が倒《たお》れているのを見たとき、思いました。

「もしあのとき、そのまま家を出ていたら、この下敷《したじ》きになっていたかもしれない。あの寒気は、知らせだったのかもしれない……」

しかし、商店街《しょうてんがい》と顔なじみの客たちが住む周辺地域《ちいき》の被害《ひがい》は甚大《じんだい》でした。古くからの建物で営業《えいぎょう》していた店の多くは全壊《ぜんかい》しました。それは周辺の住宅街《じゅうたくがい》も同じで、火災《かさい》が出て焼け野原になってしまった地域《ちいき》もありました。多くの人が自分の家に住めなくなって、学校などに避難《ひなん》しました。

村上さんはそのとき、ふだんからの近所づきあいの大切さを痛感《つうかん》したといいます。

じつは、商店街《しょうてんがい》でも何か所かでボヤが出ましたが、隣近所《となりきんじょ》の店の人などの協力で、一つも全焼《ぜんしょう》したり延焼《えんしょう》したりすることなく消し止めました。しかし、住宅街《じゅうたくがい》では、全壊《ぜんかい》した家の中に人がいるのかいないのか、ふだんからのつきあいがなく、すぐにはわからないことがありました。もし火の手が伸《の》びてきたら、わからないまま燃《も》えてしまうことがありえました。また、つきあいがあっても、電話や交通の遮断《しゃだん》によって、コミュニケーションをとるのが難《むずか》しくなってしまうことも思い知りました。

「娘《むすめ》のお友だちの家は学校に避難《ひなん》したんですけど、あとで聞いたら、かわいそうに、その日の晩《ばん》は一人ウインナー一本しか食べられなかったというんです。『おばちゃんのところに来たらよかったのに、食べるものあったのに』と言うたんですけど……」

地《ち》域《いき》がよくならないと学校もよくならない

「長田商店街《ながたしょうてんがい》」から名称変更《めいしょうへんこう》が決まったばかりの「長田神社前商店街《ながたじんじゃまえしょうてんがい》」は、大打撃《だいだげき》の中からのスタートになりました。商店街振興組合《しょうてんがいしんこうくみあい》が取り組んだ震災後《しんさいご》最初の大事業は、商店街《しょうてんがい》入り口にある鳥居《とりい》型《がた》の大アーチの全面改修《かいしゅう》でした。ここに新名称《しんめいしょう》を掲《かか》げて再生《さいせい》を誓《ちか》い、震災《しんさい》前からの懸案《けんあん》だった最寄駅《もよりえき》「長田《ながた》」の「長田神社前《ながたじんじゃまえ》」への名称変更《めいしょうへんこう》をめざす活動も、地域《ちいき》との連携《れんけい》を図《はか》って、再《ふたた》び展開《てんかい》していく意向でした。

しかし、商店街《しょうてんがい》の再生《さいせい》は簡単《かんたん》ではありませんでした。店は営業《えいぎょう》を再開《さいかい》できるところから順次開店していきましたが、家を失うなどして地域《ちいき》を離《はな》れた住民が多く、客足がもどりませんでした。

そんな中、震災後《しんさいご》の神社前商店街《じんじゃまえしょうてんがい》を担《にな》う若手《わかて》リーダーの一人になっていた村上《むらかみ》さんのもとに、商店街《しょうてんがい》の枠《わく》を超《こ》えた地域連携《ちいきれんけい》のきっかけになる話が持ちこまれました。震災後《しんさいご》の救援《きゅうえん》活動から生まれたボランティアグループ「すたあと長田《ながた》」が、震災後《しんさいご》一年の節目《ふしめ》の追悼《ついとう》コンサートを、長田神社境内《ながたじんじゃけいだい》で開くことを計画していました。それに対する協力要請《ようせい》でした。

出演者《しゅつえんしゃ》のファンが集まる見通しは立っているけれど、地域《ちいき》の人にもたくさん来てほしいので、商店街《しょうてんがい》のほうでも、なにか集客になるものを考えてほしい。地域《ちいき》のほかの団体《だんたい》にも声をかけてほしい。飲み物・食べ物を出すこともお願いしたい――。

村上さんは協力したいと考え、とりあえず当時つながりがあった婦人会《ふじんかい》の会長を訪《たず》ねました。「バザーでもなんでもやってもらえたら」という気持ちで用件《ようけん》を伝えると、そこから意外な展開《てんかい》が生まれました。

「横で聞いていた先客の女性《じょせい》が『小学校も利用したらいいのよ』と言うんです。この人はいきなりおそろしいことを言うなとびっくりしたら、会長さんが『こちらは小学校の校長先生よ』とおっしゃる。『小学校を利用だなんて、そんなことしていいんですか』

と聞いたら、校長先生は『地域《ちいき》がよくならないと学校だってよくならないの』とおっしゃる。へぇー、こんなこと言うてくれる校長先生がいるんだ、と感心しました」

村上さんは商店街《しょうてんがい》に帰り、どんなことで協力してもらったら集客につながり、学校や子どもにとっても意味のあるものになるかを検討《けんとう》し、「未来《みらい》のわたしたちのまちというテーマで子どもたちに絵を描《か》いてもらおう」という案にたどり着きました。復興《ふっこう》に取り組むまちにふさわしいテーマで、家族で見に来てもらえることも期待できました。

婦人会《ふじんかい》の会長の紹介《しょうかい》で会った校長に、この案をもって相談に行くと、最終的に長田神社《ながたじんじゃ》周辺の五つの小学校に協力してもらえることになりました。

一九九六年一月に開催《かいさい》された音楽イベント「つづら折《お》りの宴《うたげ》」は、こうした商店街《しょうてんがい》・婦人会《ふじんかい》・小学校などの協力で地域《ちいき》の人々も多数来場し、大盛況《だいせいきょう》のうちに幕《まく》を閉《と》じました。

「このときから学校とのつながりが生まれました。学校の要望も聞けるようになったし、その後はＰＴＡ《ピーティーエー》など、いろいろなところとつながりが生まれていきました」

この年には、思いもよらなかった支援《しえん》の話も持ちこまれました。女優《じょゆう》の黒田福美《くろだふくみ》さんが現《あらわ》れ、商品カタログを作って全国に通信販売《はんばい》をしないかという話を持ちかけたのです。

「スポンサーはわたしが連れてきますから、みなさんは全国に売るものを提案《ていあん》してください。それをカタログ販売《はんばい》しましょう。そうすれば、当たり前のように仕事をしながら収入《しゅうにゅう》が入って、復興《ふっこう》に向けてがんばれるでしょう。まわりの人も、どこにお金がいくのかわからずに寄付《きふ》するのではなく、ほしい品物を買って、このまちを応援《おうえん》できる——。そういうお話でした。びっくりしました」

黒田さんは、かつて長田のまちの人々とのふれあいがあった縁《えん》から、震災後《しんさいご》、ボランティアとして訪《おとず》れていた経緯《けいい》がありました。商店街振興組合《しょうてんがいしんこうくみあい》では彼女《かのじょ》の厚意《こうい》に感謝《かんしゃ》し、提案《ていあん》を受けることにしました。

参加店を募《つの》ると、一八店が応募《おうぼ》。その商品を掲載《けいさい》したカタログ「がんばってますKOBE《こうべ》」が完成して配布が始まると、マスコミに紹介《しょうかい》されたこともあって、問い合わせや注文が殺到《さっとう》しました。はげましのメッセージも多数寄《よ》せられました。

神社前商店街《じんじゃまえしょうてんがい》にとって一九九六年は、震災後《しんさいご》一年をすぎても客足がもどらない厳《きび》しい年でした。そんな中、イベント「つづら折《お》りの宴《うたげ》」やカタログ「がんばってますKOBE《こうべ》」は、その後の商店街《しょうてんがい》のために大きな意味があったと、村上さんはふり返ります。「あの二つの提案《ていあん》に乗らせてもらったことで、いろいろな人と出会いましたし、イベントのやり方や冊子《さっし》の作り方を見させてもらいました。カタログ販売《はんばい》では、全国の人にわたしたちのことをわかってもらおうとしました。自分たちのことを発信する力がついて、地元の人にもっとわかってもらおうという気持ちも生まれました」

長田神社《ながたじんじゃ》の境内《けいだい》で「アジアの文化祭」を開催《かいさい》

神社前商店街《じんじゃまえしょうてんがい》を中心とした地域連携《ちいきれんけい》の動きは、一九九八年に大きく前進しました。まず、一つのイベントの話がもち上がりました。「多言語《たげんご》・多文化共生《たぶんかきょうせい》のまちづくり」をテーマとするコミュニティ・ラジオ局「FM《エフエム》わぃわぃ」（第五章参照《さんしょう》）に、ボランティアとして出入りしていた商店街《しょうてんがい》の女性《じょせい》からの提案《ていあん》でした。

「わぃわぃが外国人のことをわかってもらうために、いろいろなところでイベントをしている。ここでもなにかやりませんか」

長田《ながた》区内に在日《ざいにち》コリアンなどアジア系《けい》を中心とした多くの外国人が住んでいることは、神社前商店街《じんじゃまえしょうてんがい》でも知られていました。しかし、その現状《げんじょう》をふまえてなにかに取り組むということは、それまでとくにありませんでした。村上《むらかみ》さんたちは、この機会に、地域《ちいき》の日本人といろいろな国から来た人々が交流するイベントを開催《かいさい》しようと考えました。

それは神社前商店街《じんじゃまえしょうてんがい》が地域《ちいき》と連携《れんけい》して準備《じゅんび》を進める、はじめてのイベントになりました。「FM《エフエム》わぃわぃ」の協力を得て、いっしょに考えたイベントのタイトルは、「アジアの文化祭」。その出し物は次のようなものでした。

日本舞踊《ぶよう》、和太鼓《わだいこ》の演奏《えんそう》、中国《ちゅうごく》の獅子舞《ししまい》、韓国《かんこく》の舞踊《ぶよう》ブチェチュム、朝鮮《ちょうせん》半島の代表的打楽器チャンゴの演奏《えんそう》、インド舞踊《ぶよう》、インドの紙芝居《かみしばい》、バリダンス、フィリピンの舞《ぶ》踊《よう》ティンクリンなど。

二年前の「つづら折《お》りの宴《うたげ》」でつながりのできた長田神社《ながたじんじゃ》周辺の五つの小学校の子ど

もたちには、今度は「自分たちが思うアジア」の絵を描《か》いてもらうことにしました。そして、思っていたことと実際《じっさい》のちがいを感じてもらうために、民族衣装《いしょう》を着たり、各国のおもちゃでいっしょに遊んだりして交流する機会を設《もう》けました。また、民族料理の模《も》擬店《ぎてん》を出してもらい、子どもたちには絵を描《か》いてもらったお礼に、食べたいと思った民族料理を一つ食べられる食券《しょっけん》を配ることにしました。

さらに、長田《ながた》中学校に生徒のボランティア活動があることを知って訪《たず》ね、ゴミ拾《ひろ》いや誘導《ゆうどう》などの活動をしてもらえることになりました。

肝心《かんじん》の場所については、長田神社《ながたじんじゃ》に依頼《いらい》したところ、快諾《かいだく》を得られました。神社と神《じん》社前商店街《じゃまえしょうてんがい》は、氏神《うじがみ》と氏子《うじこ》という意味では昔《むかし》からつながっていて、人々は神社のことを親しみをこめて「長田《ながた》さん」と呼《よ》んでいました。しかし、震災前《しんさいまえ》には、それ以上のかかわりはありませんでした。

震災前《しんさいまえ》に商店街《しょうてんがい》の見直しを図《はか》った際《さい》、「ここは長田神社《ながたじんじゃ》の門前町《もんぜんまち》なのだから」と再認《さいにん》識《しき》して商店街《しょうてんがい》と最寄《もよ》り駅《えき》の名称変更《めいしょうへんこう》を考えましたが、神社の境内《けいだい》を借りてイベントをしようとは考えもしなかったといいます。

一九九八年九月に開催《かいさい》された「アジアの文化祭」以後、長田神社《ながたじんじゃ》では、しばしば神社とは思えない催《もよお》しも開かれることになります。それらは特定《とくてい》の団体《だんたい》の利益《りえき》のためのものではなく、この地域《ちいき》の活気を取りもどしたいという悲願から生まれたものでした。

さて、「アジアの文化祭」実現《じつげん》への動きと並行《へいこう》して、地域《ちいき》ではもう一つ大きな動きが生まれていました。

七月、「長田神社地域活性化協議会《ながたじんじゃちいきかっせいかきょうぎかい》」という地域《ちいき》全体の連携《れんけい》を促進《そくしん》するしくみが、行政《ぎょうせい》のコーディネートで設《もう》けられました。メンバーは、神社前商店街《じんじゃまえしょうてんがい》などの商業団体《だんたい》、自治会《じちかい》や婦人会《ふじんかい》などの地域団体《ちいきだんたい》、小学校、青少年協議会《きょうぎかい》、郵便局《ゆうびんきょく》や信用金庫などの地域企業《ちいききぎょう》、そして地域《ちいき》のシンボル・長田神社《ながたじんじゃ》も加わりました。

そして、この協議会《きょうぎかい》によって、神社前商店街《じんじゃまえしょうてんがい》だけで陳情《ちんじょう》していたときには門前払《もんぜんばら》いされていた、最寄《もよ》り駅《えき》の駅名変更《へんこう》の話が、動き始めたのです。

神社前商店街《じんじゃまえしょうてんがい》は協議会《きょうぎかい》の場で、駅名変更《へんこう》について地域一丸《ちいきいちがん》となって要望していきたいと提案《ていあん》しました。メンバーからは「それはいい」と賛意《さんい》の声が上がり、反対がありませんでした。

協議会《きょうぎかい》が署名《しょめい》を集めて地域《ちいき》の総意《そうい》として要望すると、鉄道側もついに動きました。一九九九年の一二月一日、市営《しえい》地下鉄の「長田《ながた》」駅は「長田《ながた》（長田神社前《ながたじんじゃまえ》）」駅となり、この駅と地下通路でつながる神戸《こうべ》高速鉄道の「高速長田《ながた》」駅も「高速長田《ながた》（長田神社前《ながたじんじゃまえ》）」駅となりました。駅のコンコースでは、副《ふく》駅名の誕生記念式典《たんじょうきねんしきてん》も催《もよお》されました。

「長田神社前《ながたじんじゃまえ》」は副《ふく》駅名でしたが、それは電車内でもアナウンスされるものでした。村上さんたち神社前商店街《じんじゃまえしょうてんがい》で当初から運動してきた人たちは、その表示《ひょうじ》とアナウンスにふれたとき、胸《むね》を熱くしました。また、「アジアの文化祭」や駅名変更《へんこう》運動の成果をへて、これまでにない地域《ちいき》の一体感が生まれるのを感じたといいます。

ポイントカードで地域《ちいき》の非営利《ひえいり》活動を支援《しえん》

副《ふく》駅名「長田神社前《ながたじんじゃまえ》」誕生《たんじょう》から間もない一九九九年一二月半《なか》ば、長田神社地域《ながたじんじゃちいき》を紹介《しょうかい》する「もっと、長田《ながた》／がんばってますＫＯＢＥ《こうべ》・みせガイド」という冊子《さっし》が発行されました。そして、黒田福美《くろだふくみ》さんの発案と支援《しえん》で始まったカタログ販売《はんばい》の第四弾《だん》「もっと、長田《ながた》／がんばってますＫＯＢＥ《こうべ》・ものカタログ」といっしょに配布が始まりました。

発行元は、長田神社前商店街《ながたじんじゃまえしょうてんがい》、長田《ながた》中央小売《こうり》市場、長田公設《ながたこうせつ》市場の商業三団体《だんたい》でした。

神社前商店街《じんじゃまえしょうてんがい》は地下鉄長田《ながた》駅から神社へと続く道沿《みちぞ》いに伸《の》びていますが、途中《とちゅう》に新湊《しんみなと》川が横切り、長田《ながた》橋がかかっています。その両岸にあるのが、中央小売《こうり》市場と公設《こうせつ》市場です。

震災前《しんさいまえ》、神社に向かって長田《ながた》橋手前の左手にある中央小売《こうり》市場、通称《つうしょう》「いちば」では、古い木造平屋《もくぞうひらや》の間口わずかのスペースで対面販売《はんばい》をする店が一〇〇以上もありました。雑然《ざつぜん》とした感じながら、専門店《せんもんてん》の集合体としておもしろみがあり、地元の人々から「闇《やみ》市《いち》」とも呼《よ》ばれて親しまれていたそうです。

一方、長田《ながた》橋を渡《わた》って左手に位置するのが公設《こうせつ》市場。こちらは一九九二年、「いちば」

とは異《こと》なる新しい魅力《みりょく》づくりのため、入居《にゅうきょ》店の共同経営《けいえい》によるスーパー形式の店「食遊《しょくゆう》館《かん》」としてリニューアルオープンしました。

しかし、それの両方が、震災《しんさい》によって全壊《ぜんかい》してしまいました。困難《こんなん》を乗《の》り越《こ》えて新装《しんそう》オープンできたのは、「食遊館《しょくゆうかん》」が一九九八年三月、「いちば」が一九九九年四月。しかし、ビルに建《た》て替《か》えられた「いちば」に入ることができたのは、三〇店たらずでした。

神社前商店街《じんじゃまえしょうてんがい》も、それまでに営業再開《えいぎょうさいかい》できた店もあれば、できなかった店もあり、新たに入ってきて店を始めた人もいました。地域《ちいき》の住民もまた同じで、倒壊《とうかい》した家を再《さい》建《けん》できた人もいれば、できずに去《さ》った人もいて、震災後《しんさいご》に転入してきた人も少なくありませんでした。

イベントなどによって地域《ちいき》とのつながりを深めつつあった神社前商店街《じんじゃまえしょうてんがい》でしたが、一方で、地域《ちいき》にはまちのことをよく知らない人が増《ふ》えたという現実《げんじつ》もありました。そこで企画《きかく》したのが、新装《しんそう》された「食遊館《しょくゆうかん》」「いちば」と連携《れんけい》して、まちを紹介《しょうかい》する冊子《さっし》を作ることでした。タイトルの「もっと、長田《ながた》」には、「もっと長田《ながた》のまちのことを知ってほしい」という思いがこめられています。

このように、三つの商業団体《だんたい》が肩《かた》を組んで地域《ちいき》に情報《じょうほう》発信するようなことは、前例《ぜんれい》がありませんでした。三者をつなげたものは、おたがいの共存共栄《きょうそんきょうえい》という商業者の間だけの思いではなく、震災後《しんさいご》に痛感《つうかん》した、地域《ちいき》の人々との共存共栄《きょうそんきょうえい》という思いでした。

そのことは、タウン誌《し》の内容《ないよう》にも表れています。サブタイトルには「みせガイド」とありますが、単に各団体所属《かくだんたいしょぞく》のお店が紹介《しょうかい》されているだけではありません。長田神社《ながたじんじゃ》とまちの歴史《れきし》、長田《ながた》のまちでさかんな地蔵盆《じぞうぼん》（八月のお地蔵《じぞう》さんの縁日《えんにち》）の話、黒田福美《くろだふくみ》さんの寄稿《きこう》、公共機関などの連絡先《れんらくさき》なども添《そ》えられています。また、地域《ちいき》の中学生たちが取材に参加したり、小学生たちが絵を提供《ていきょう》したりもしています。

神社前商店街《じんじゃまえしょうてんがい》、いちば、食遊館の協働《きょうどう》は、翌年末《よくねんまつ》には二〇〇一年のカレンダーという形になりました。一方、タウン誌《し》「もっと、長田《ながた》」はその後、小学校三年生の地域《ちいき》学習の教材としても使われることになりました。

「もっと、長田《ながた》」やカレンダーをいっしょにつくって関係を深めた神社前商店街《じんじゃまえしょうてんがい》と「いちば」は、二〇〇一年四月、共同で「タメ点カード長田《ながた》」というポイントカードを導《どう》入《にゅう》しました。

加盟店《かめいてん》で商品を買ってためたポイントで買い物ができるカードは、全国いろいろな地《ち》域《いき》で発行されています。「タメ点カード長田《ながた》」の特徴《とくちょう》は、端数《はすう》ポイントもためて、地元の非営利《ひえいり》活動に寄付《きふ》できるようにしている点にあります。

ポイント制度《せいど》は、買い上げ金額《きんがく》一〇〇円につき一ポイントで、一二〇ポイントで一〇〇〇円の買い物ができることになっています。買い上げ金額《きんがく》一〇〇円未満の部分は一ポイントに満たない端数《はすう》ポイントになるのですが、それを切り捨てにせず、一年間ためて寄付金《きふきん》にするのです。

一般的《いっぱんてき》に、ポイントサービスは、客を呼《よ》びこみ、呼《よ》びこんだ客を囲《かこ》いこむ手段《しゅだん》として利用されています。客は、どこで買っても同じ商品でも、「あそこで買えばポイントがたまる」と思えば、いつもその店に足を運ぼうとします。その効果《こうか》を狙《ねら》ったものです。

しかし、「タメ点カード長田《ながた》」の、非営利《ひえいり》活動に寄付《きふ》するしくみは、震災後《しんさいご》「地域《ちいき》の復興《ふっこう》なくして自分たちの復興《ふっこう》なし」と痛切《つうせつ》に感じてきたことから生まれたものでした。

寄付先《きふさき》として挙げられているのは、婦人会《ふじんかい》、PTA《ピーティーエー》、消防団《しょうぼうだん》、災害《さいがい》ボランティア基金《きん》、高齢者《こうれいしゃ》・障害者《しょうがいしゃ》などを支援《しえん》するNPO《エヌピーオー》、中学校の生徒のボランティア委員会など。カード会員は、加入時に自分が寄付《きふ》したい団体《だんたい》を選んでおくと、たまった端数《はすう》ポイントが自動的にその団体《だんたい》への寄付《きふ》になります。

タメ点カード長田《ながた》は、スタートから四か月で会員数が一万人を突破《とっぱ》しました。これは商圏《しょうけん》人口、つまり神社前商店街《じんじゃまえしょうてんがい》や「いちば」に買い物に来る人々が住んでいる範囲《はんい》の人口の、三人に一人がカード会員になったという計算になるそうです。わずかの間にそれほどの会員を獲得《かくとく》したことは、マスコミでも驚《おどろ》きをもって伝えられました。これほど支持《しじ》された理由は、地域《ちいき》の非営利《ひえいり》活動を支援《しえん》するしくみにあると考えられています。

さて、タメ点カード長田《ながた》を利用できる加盟店《かめいてん》は、基本的《きほんてき》に神社前商店街《じんじゃまえしょうてんがい》と「いちば」の中にある店なのですが、そこに店を持たない加盟店《かめいてん》が一つあります。第二章で紹介《しょうかい》した森崎清澄《もりさききよと》社長率《ひき》いる近畿《きんき》タクシーです。

森崎さんは、JR新長田駅《ジェイアールしんながたえき》南側の六つの商店街《しょうてんがい》が連携《れんけい》した復興《ふっこう》まちづくり活動に加わってきました。さまざまな取り組みを通して、つながっていなかったところがつながることによって、まちに新しい活力が生まれることを実感してきました。そんな観点から、長田神社前商店街《ながたじんじゃまえしょうてんがい》の地域連携《ちいきれんけい》を図《はか》る動きにも注目してかかわっていました。

「新長田《しんながた》と神社前《じんじゃまえ》とは商圏《しょうけん》が隣《とな》り合《あ》っているので、ぼくは、両方から『森崎は二重スパイや』と言われたりするんですけど、両方に風穴《かざあな》を開けて、共同でやっていくようになったらいいと思っているんです」

お客さんを広い地域《ちいき》から呼《よ》べるイベントを

二一世紀に入ると、長田神社地域《ながたじんじゃちいき》のまちづくり活動は、より地域連携《ちいきれんけい》の密度《みつど》を濃《こ》くして、他地域《たちいき》の活動との連動も生まれていきます。

二〇〇二年四月、長田神社地域活性化協議会《ながたじんじゃちいきかっせいかきょうぎかい》では、兵庫《ひょうご》県の「にぎわい創出《そうしゅつ》事業」

に対する助成金を活用して新しいイベントを開催《かいさい》するために、「にぎわい創出《そうしゅつ》イベント会議《かいぎ》」が設《もう》けられました。そして、地域密着《ちいきみっちゃく》をテーマにした年六回のイベント事業「ながたリブ・ラブ・ライブ」を展開《てんかい》することになりました。

第一弾《だん》は、七月に催《もよお》される長田神社《ながたじんじゃ》の夏越《なごし》祭に合わせた「ナイトコミュニティマーケット」でした。

長田神社《ながたじんじゃ》は震災後《しんさいご》、目に見えて参拝者《さんぱいしゃ》が減《へ》りました。古くからの参拝者《さんぱいしゃ》であった地域《ちいき》住民が、数多く家を失ってこの地を離《はな》れたことが影響《えいきょう》していました。

夏越《なごし》祭とは、夏を無事に乗《の》り越《こ》えられるよう祈《いの》る行事ですが、その参加者も減《へ》っていました。そこで、せっかくの行事のにぎわいを出すために、神社前商店街《じんじゃまえしょうてんがい》が中心になって、地域《ちいき》の人々に店を出してもらうことを呼《よ》びかけたのです。

「神社さんで行われているのは神事《しんじ》なので、わたしたちは境内《けいだい》には入らず、商店街《しょうてんがい》の前の道でやりました。前の年からタメ点カードをやっていたので、その加盟団体《かめいだんたい》に声をかけて、優先的《ゆうせんてき》に店を出してもらいました」と、村上《むらかみ》さん。

婦人会《ふじんかい》、ＰＴＡ《ピーティーエー》、福祉《ふくし》団体《だんたい》など、数十の団体《だんたい》が自作の物を売るなどしました。

二年後の二〇〇四年、「もっと広い地域《ちいき》から客を呼《よ》べるようにしよう」ということになり、「夏越《なごし》ゆかた祭」という新しいイベントに衣替《ころもが》えしました。

このイベントは、一般公募《いっぱんこうぼ》した中からゆかたの似合《にあ》う男女を選ぶコンテスト、ゆかたを着てきた来場者へのサービス、洋服で来た来場者をゆかたに変身させるコーナーなどを設《もう》け、よりはなやかで集客力のあるものに発展《はってん》していきました。

また、二〇〇三年からは八月に「神社できもだめし」、一〇月に「おやつはべつばら」というイベントを始めました。

「神社できもだめし」は、子どもたちに長田神社《ながたじんじゃ》に親しんでもらおうという企画《きかく》。小学三年生までの子どもの参加を募《つの》り、小学四年生から中学生までのボランティアがその手を引き、若《わか》い大人のボランティアがお化けに扮《ふん》している神社境内《けいだい》のコースを歩きます。

「おやつはべつばら」は、神社前商店街《じんじゃまえしょうてんがい》に老舗《しにせ》の和菓子屋《わがしや》などの菓子《かし》店が多いことから生まれました。参加者にスタンプラリー形式で参加店のおやつを食べ歩いてもらいます。

この二つは人気を博《はく》し、夏越《なごし》ゆかた祭に続いて、回を重ねることになりました。二〇〇五年からは、一二月開催《かいさい》の「ぽっぺん大工房市座《だいこうぼういちざ》」という工芸品《こうげいひん》の市が回を重ねています。これも、長田神社《ながたじんじゃ》に由来《ゆらい》するものです。

「ぽっぺん」とは、吹《ふ》くとその名のような音で鳴るガラス製《せい》のおもちゃ。長田神社《ながたじんじゃ》では正月三が日にこれを参拝者《さんぱいしゃ》に授与《じゅよ》していて、縁起物《えんぎもの》として神社の一つの象徴《しょうちょう》のようになっています。長田神社《ながたじんじゃ》では、古くから正月のほかにも、毎月一日にお参りする「おついたち参り」の参拝者《さんぱいしゃ》が多かったので、神社前商店街《じんじゃまえしょうてんがい》ではこれに合わせて「ぽっぺん市」と名づけたセールを行ってきました。

村上さんたちがかつての「おついたち」のにぎわいを取りもどしたいと考えたとき、思い出されたのは、神社境内《けいだい》でにぎわっていた陶器市《とうきいち》でした。

そこで、この陶器市《とうきいち》の復活《ふっかつ》を目指して「ぽっぺん工房市座《こうぼういちざ》」を企画《きかく》。陶芸《とうげい》作家のほか、さまざまな工芸《こうげい》作家や工房《こうぼう》に声をかけ、二〇〇五年に実現《じつげん》しました。この毎月の「おついたち」に開く工芸市《こうげいいち》の拡大版《かくだいばん》として企画《きかく》したのが、「ぽっぺん大工房市座《だいこうぼういちざ》」でした。

長田区全体のにぎわいを「二割増《わりま》しのまちづくり」

長田神社地域《ながたじんじゃちいき》のこうした動きは、区のまちづくり推進課《すいしんか》にも注目され、区内他地域《たちいき》のイベントとの連携《れんけい》により、区全体のにぎわい創出《そうしゅつ》を目指す動きにもつながりました。

二〇〇五年、区は各地域団体《かくちいきだんたい》などの協議《きょうぎ》によって「長田《ながた》四大祭」を定めて、ピーアールに乗り出しました。四大祭に決まったのは、春の「ハナミズキ祭」、秋の「神戸《こうべ》・新神戸《しんこう》鉄板こなもん祭」と「おやつはべつばら」、夏の「長田《ながた》たなばたまつり」です。

ハナミズキ祭は、長田区の木「ハナミズキ」の花を見ながら、琴《こと》の演奏《えんそう》やお茶席などを楽しむもので、二〇〇五年に区役所の敷地《しきち》で始まりましたが、二〇〇七年の第三回は長田神社地域《ながたじんじゃちいき》が誘致《ゆうち》して、長田神社境内《ながたじんじゃけいだい》で開催《かいさい》されました。

神戸《こうべ》・新長田《しんながた》鉄板こなもん祭は、長田《ながた》名物の「そばめし」や「お好み焼」などの「粉もん」を味わうもので、ＪＲ《ジェイアール》新長田《しんながた》駅南地域《ちいき》の商店街《しょうてんがい》で開催《かいさい》されます。そして、「おやつはべつばら」は前述《ぜんじゅつ》の通り、長田神社前商店街《ながたじんじゃまえしょうてんがい》で開催《かいさい》されます。

長田《ながた》たなばたまつりは、七夕《たなばた》祭りがさかんな長田《ながた》区の各地で開かれる祭りの総称《そうしょう》。「ひとつきまるごとたなばたまつり」として、七月から八月までの約一か月間、「今週末は区内の御菅《みすが》地区、来週末は真野《まの》地区」というように、区内の各地でたなばたまつりが開かれます。長田神社地域《ながたじんじゃちいき》の「夏越《なごし》ゆかた祭」も、その一つとして加わっています。

村上《むらかみ》さんは次のように語ります。

「区役所と連携《れんけい》してやるようになって、ポスターも市営《しえい》地下鉄に貼《は》ってくださったり、神社さんの氏子《うじこ》の関係のところに貼《は》ってくださったりして、それで参拝客《さんぱいきゃく》がドーッと増《ふ》え出《だ》しました。地域《ちいき》の連携《れんけい》でパワーアップしてきた動きが、行政《ぎょうせい》との連携《れんけい》で、さらにパワーアップした感じです」

こうした中で、長田神社地域活性化協議会《ながたじんじゃちいきかっせいかきょうぎかい》は、これまでさまざまな経緯《けいい》から生まれてきた取り組みを整理して、『長田《ながた》☆真《しん》☆未来構想《みらいこうそう》』と題する、未来《みらい》に向けたまちづくり構想《こうそう》をまとめました。

目標は「二割増《わりま》しのまちづくり」。お客の二割増《わりま》し、参拝者《さんぱいしゃ》の二割増《わりま》しなどで、現状《げんじょう》より活気が二割増《わりま》すことを目指しています。その方向としては、「長田神社《ながたじんじゃ》の歴史《れきし》を感じるまち」「にぎわいを創出《そうしゅつ》できるまち」「来街者《らいがいしゃ》にわかりやすいまち」。

具体策《ぐたいさく》としては、歴史《れきし》案内板の設置《せっち》、まちの方向性《ほうこうせい》に沿《そ》った地域連携《ちいきれんけい》イベント、「一店逸品《いっぴん》」の名物づくり、まちのキャラクター「グージー」の活用、「グージー瓦版《かわらばん》」という地域情報掲示板《ちいきじょうほうけいじばん》の設置《せっち》、そしてユニバーサルデザインも掲《かか》げられています。

「グージー」は、神社の宮司《ぐうじ》がかぶる烏帽子《えぼし》を頭にのせたフクロウのデザインで、名前は「宮司《ぐうじ》」をもじったもの。長田神社《ながたじんじゃ》の杜《もり》にフクロウが住んでいるという話から「それをまちのシンボル・キャラクターにしよう」という話が神社前商店街《じんじゃまえしょうてんがい》にもちこまれ、商店街《しょうてんがい》が神戸芸術《こうべげいじゅつ》工科大学（西区）の学生に依頼《いらい》してデザインしました。

二〇〇二年に「ながたリブ・ラブ・ライブ」を始めたころから、神社前商店街《じんじゃまえしょうてんがい》の事《じ》務所《むしょ》では、毎週水曜日に会議が開かれるようになりました。

そこには、商店街《しょうてんがい》の役員ばかりでなく、長田神社地域活性化協議会《ながたじんじゃちいきかっせいかきょうぎかい》に加盟《かめい》する諸団《しょだん》体《たい》の人々、社会福祉協議会《しゃかいふくしきょうぎかい》の職員《しょくいん》、区のまちづくり推進課《すいしんか》の職員《しょくいん》なども頻繁《ひんぱん》に訪《おとず》れるようになりました。そして、単に目先のイベントのことだけでなく、いろいろなことが話し合われるようになりました。

村上《むらかみ》さんは、こうして所属《しょぞく》のちがう人々が、垣根《かきね》を越《こ》えて話し合う機会ができたこと自体が、大きな変化を生んだといいます。

「震災前《しんさいまえ》は、それぞれがバラバラに活動していて、おたがいに『ああ、あそこの人たちがあんなことをやっているなあ』という感じでしか見ていなかったと思うんですよ。それが、同じテーブルについて意見交換《こうかん》するようになると、気心が知れてくる。『それだったらウチもお手伝いできますよ』とか『チラシがあるならウチのほうでも配りますよ』とか、そういうやりとりも自然に生まれるようになる。結果的に、風通しのいいまちになる。まちづくりって、つまりは人間関係づくりやと思いました」

そして、話し合いから生まれる数々のイベントも、直接《ちょくせつ》の目的とする商業活性化《かっせいか》や、まちのにぎわい創出《そうしゅつ》だけにとどまらない、貴重《きちょう》なものを生んでいるといいます。

「意識的《いしきてき》にせよ無意識的《むいしきてき》にせよ、いざというときの助け合いの訓練《くんれん》になっているんですよ。たとえば、イベントでテントを建てていれば、いざというとき、どこにあるか、どう組み立てたらいいか、すぐわかります。自分がわからなくても、だれに聞けばいいかわかります。しょっちゅういっしょに話し合って準備《じゅんび》から運営《うんえい》までしていますから、いざというときにおたがいにどんな協力ができるかわかります。携帯《けいたい》電話が通じなくなっても、どこでどんな人がなにをしているか、だいたいわかりますよ」

長田《ながた》区の人口は、二〇〇七年現在《げんざい》も減《へ》り続《つづ》け、少子高齢化《しょうしこうれいか》も進んでいます。「かつてのにぎわいを取りもどしたい」という村上さんたち長田神社前商店街《ながたじんじゃまえしょうてんがい》の悲願も、数々のイベントなどの成功《せいこう》にもかかわらず、まだ達成されたとはいえません。だから、今後も地域《ちいき》が一体となって復興《ふっこう》のまちづくり活動を続けなければなりません。

しかし、それを続けていく背景《はいけい》には、「震災前《しんさいまえ》にはもどりたくない」という強い思いもあります。それぞれが無意識《むいしき》のうちに設《もう》けていた垣根《かきね》に隔《へだ》てられて、バラバラだった状態《じょうたい》にはもどりたくないのです。

4

なにか できひんかな

障害《しょうがい》の有無《うむ》や種類にかかわらない
交流の場をつくる

長田区内《ながたくない》の自宅《じたく》で被災《ひさい》した社会福祉《ふくし》法人「えんぴつの家」の松村敏明《まつむらとしあき》さんは、家も家族も無事だったので、その朝からバイクを駆《く》って被災地《ひさいち》を走り回りました。運営《うんえい》する施《し》設《せつ》の状況《じょうきょう》を確認《かくにん》し、利用者の安否確認《あんぴかくにん》へ。なにかあったら、無事だった施設《しせつ》に避難《ひなん》するように、呼《よ》びかけて回りました。

その施設《しせつ》の一つ「グループホームたろう」（長田《ながた》区内）は、たまたま前日が休日だったため、入所者は全員、親元や親戚《しんせき》の家などに出払《ではら》っていました。ホーム設立《せつりつ》にかかわった「神戸《こうべ》きょうだい会」代表の石倉泰三《いしくらたいぞう》さんらと手分けして、一軒一軒《いっけんいっけん》訪《たず》ねて安否確認《あんぴかくにん》することになりました。それは、何日も続く作業になりました。

ある自閉症《じへいしょう》の入所者が帰っていた家には、近くの小学校に避難《ひなん》したことを知らせる張《は》り紙《がみ》がありました。ところが、訪《たず》ねていっても見つかりません。やっと近所の人を見つけ出して安否《あんぴ》を尋《たず》ねると、

「昨日《きのう》までいたんですけど、夜中に奇声《きせい》をあげたりして、ほかの人たちといっしょに生活できなくなって、遠くの親戚《しんせき》のところまで逃《のが》れていったんですよ」

自閉症《じへいしょう》は先天的な脳機能障害《のうきのうしょうがい》の一つと考えられています。自閉症《じへいしょう》の人には、次のような特徴《とくちょう》がよく見られます。意思の疎通《そつう》が難《むずか》しい。特定《とくてい》のものごとに強くこだわる。「こだわっていることが思い通りにいかない」「まわりのものごとがいつもと異《こと》なる」「先の見通しが立たない」といった状況《じょうきょう》に対して、人によってはパニック発作を起こすほど、強い不安やストレスを感じる——。

避難所《ひなんじょ》生活とは、まさにまわりのものごとがいつもと著《いちじる》しく異《こと》なるし、三度の食事すら見通しが立たないような生活でした。だれもがなにかにつけて思い通りにはいかず、強い不安やストレスを感じました。夜中に奇声《きせい》をあげたという自閉症《じへいしょう》の人にとっては、ほんとうに耐《た》えがたい状況《じょうきょう》だったものと推察《すいさつ》されます。

しかも、当時はそのような自閉症《じへいしょう》の人の特徴《とくちょう》への理解《りかい》がほとんど行きわたっていなかったので、家族にとっても非常《ひじょう》にいづらい環境《かんきょう》だったにちがいありません。

震災《しんさい》は、障害《しょうがい》のある人に対して、とくに過酷《かこく》でした。車いすの人には、エレベーターが止まったために、倒壊《とうかい》の危機《きき》に瀕《ひん》したマンションから逃《に》げ出《だ》せなかった人がいました。

全盲《ぜんもう》の人には、ふだんは白杖《はくじょう》をついて一人で歩けた道の様子がまったく変わってしまい、避難《ひなん》できなくなった人がいました。聴覚障害《ちょうかくしょうがい》のある人には、救助《きゅうじょ》の人が呼《よ》びかけても聞こえないために返事ができず、崩《くず》れた家の中に取り残されてすごした人がいました。

それぞれ、避難後《ひなんご》の生活でも、一般《いっぱん》の人以上の不自由を味わいました。

えんぴつの家が設立《せつりつ》した施設《しせつ》の一つ「六甲《ろっこう》デイケアセンター」の職員《しょくいん》の一人は、聴覚《ちょうかく》障害《しょうがい》がありました。震災《しんさい》の日、情報《じょうほう》が耳に入らないために、なにが起きているのかわからないまま職場《しょくば》に駆《か》けつけました。そこには手話のできる仲間も駆《か》けつけましたが、電気が途絶《とだ》えた中、ロウソクがなくならないか心配しながら夜をすごしたといいます。真っ暗になったら、手話による情報《じょうほう》のやりとりも、できなくなってしまうからです。

そんな中、えんぴつの家にかかわっている障害《しょうがい》のある人たちには、思いがけず一般《いっぱん》の地域《ちいき》住民より恵《めぐ》まれる事態《じたい》も起こりました。常日頃《つねひごろ》からさまざまな活動を通じて神戸《こうべ》市外の障害者団体《しょうがいしゃだんたい》などともつながりを密《みっ》にしていたため、そのネットワークを通じて、続々と救援《きゅうえん》の人や物資《ぶっし》が寄《よ》せられるようになったのです。

「うちの施設《しせつ》もわたしの家も、そういう物資《ぶっし》の置き場になりました。それを安否確認《あんぴかくにん》に行った先に配って、その都度《つど》ほかにどんなことが必要か聞いて集めて、頼《たの》めるところに頼《たの》みました。『くららべーかりー』（神戸《こうべ》きょうだい会が設立《せつりつ》したパン製造販売《せいぞうはんばい》の小規模《しょうきぼ》作業所）では、所長の石倉さんが、『これで儲《もう》けたり、自分たちだけで食べたりしたらあかん。今こそ地域《ちいき》の人たちとつながるときや』と言って、集まった食料で地域《ちいき》の人に炊《た》き出《だ》しをしました」

常日頃《つねひごろ》からのつながりさえあれば

松村《まつむら》さんたちの安否確認《あんぴかくにん》と緊急《きんきゅう》生活支援《しえん》の活動は、各地から駆《か》けつけたボランティアの人たちの協力も得ながら、半月続きました。その中で、松村さんは常日頃《つねひごろ》からのつながりの大切さを痛感《つうかん》していました。あと二つ、エピソードを紹介《しょうかい》しましょう。

一つは、松村さんたちがボランティアに障害者《しょうがいしゃ》を訪《たず》ねてもらい始めたころのこと。

「ただ訪《たず》ねてもらっても、うまくいきませんでした。壊《こわ》れかけた家で一人で暮《く》らしている障害者《しょうがいしゃ》は、はじめて会う人に親しげに寄《よ》ってこられても、警戒《けいかい》するんですよ。それが『松村さんから紹介《しょうかい》されて来ました』という一言があれば、スッといくんです」

もう一つは、ある養護《ようご》学校と、そこに通う子どもに起きたことです。

その養護《ようご》学校は、新築《しんちく》で地震《じしん》の被害《ひがい》も軽かったので、避難所《ひなんじょ》になりました。しかし、押《お》し寄《よ》せたのは周辺の一般《いっぱん》住民でした。養護《ようご》学校の子どもたちの多くは、ふだんスクールバスで通うほど離《はな》れたところに点在《てんざい》して住んでいるので、その学校には集まれません でした。避難《ひなん》した先は、それぞれ別々の最寄《もよ》りの小中学校などでした。

その養護《ようご》学校の、同じような知的障害《ちてきしょうがい》がある二人の子どもが、それぞれ近くの小学校に避難《ひなん》したあと、まったく異《こと》なる避難《ひなん》生活を送ることになりました。A《エー》くんは、避難《ひなん》した小学校での生活になじめず、夜に大声をあげたり、崩《くず》れかけた家に帰ろうとしたりしたため、家族はさらに別の場所へ移《うつ》らざるをえませんでした。しかし、A《エー》くんは移《うつ》った場所にもなじめませんでした。一方、B《ビー》くんは、避難《ひなん》した小学校で、ほかの人たちといっしょに、とくに問題なくすごしました。

なにがちがったのか。じつは、A《エー》くんは知らない人たちに囲《かこ》まれてすごしたのですが、B《ビー》くんは、日頃《ひごろ》からつきあいのあった隣近所《となりきんじょ》の人たちに囲《かこ》まれてすごしていたのです。

この話を伝え聞いた松村さんは思いました。

「避難所《ひなんじょ》生活のような非日常《ひにちじょう》の状態《じょうたい》が生まれても、そこに日常《にちじょう》生活での人間関係が続いていれば、生きていけるということですよ。障害者《しょうがいしゃ》が安心なまちをつくるためには、日常《にちじょう》の人間関係がつくれるような拠点《きょてん》づくりが大事なんだと感じました」

震災後《しんさいご》半月間、障害《しょうがい》のある人の安否確認《あんぴかくにん》や緊急《きんきゅう》生活支援《しえん》に走り回ってきた松村さんたちは、二月、必要なあらゆる支援《しえん》に取り組む拠点《きょてん》として「被災地障害者《ひさいちしょうがいしゃ》センター」を設立《せつりつ》しました。同時に、松村さんは、「日常《にちじょう》の人間関係がつくれるような拠点《きょてん》づくり」にも着手していきました。前者の活動の中には、被災《ひさい》した小規模《しょうきぼ》作業所の復興《ふっこう》があり、後者の中には地域《ちいき》交流拠点《きょてん》としての新たな小規模《しょうきぼ》作業所づくりがありました。

家は、人と人の絆《きずな》を生み出す場所

「うちはちょっと物が落ちた程度《ていど》で、ほとんど被害《ひがい》がなかったんですけど、一〇メートル離《はな》れたところは全壊《ぜんかい》という感じでした」

長田区《ながたく》の東隣《ひがしどなり》、兵庫区《ひょうご》内の市営住宅《しえいじゅうたく》で被災《ひさい》した吉良和人《きらかずと》さんは、そう語ります。被災地《ひさいち》ではこのように、ある一線の両側でまったく被害《ひがい》の程度《ていど》が異《こと》なることがありました。

吉良さんは手足が不自由で、電動車いすで移動《いどう》するので、地震《じしん》のあとはさぞ不自由したのではないかと思ったのですが、

「電気はその日の昼には回復《かいふく》しました。水も、集合住宅ですから貯水《ちょすい》タンクにありました。食べ物に関しても、冷蔵庫《れいぞうこ》にいっぱい買い置きをしていた上に、配られた物もいただきました。だから、けっこうぜいたくな暮《く》らしをさせてもらいました」

そうふり返って、申《もう》し訳《わけ》なさそうな笑《え》みを浮《う》かべます。

しかし、その後の暮《く》らしは不安でいっぱいでした。自宅《じたく》で一人、中堅印刷会社《ちゅうけんいんさつがいしゃ》の下請《したう》けの仕事をしていましたが、不況《ふきょう》で仕事の量は減《へ》り続《つづ》けていました。そこへ震災《しんさい》です。景気《けいき》が上向いて仕事が増《ふ》える見通しは、まったくもてなくなりました。

震災前《しんさいまえ》、友人から、障害《しょうがい》のある人が地域《ちいき》で働くための場である小規模《しょうきぼ》作業所を設立《せつりつ》しようという話をもちかけられていて、それを手伝うつもりでいました。ところが、その作業所のために借りた建物が震災《しんさい》で全壊《ぜんかい》してしまい、こちらも先の見通しが立たなくなってしまいました。

「なにかできひんかな」

そう思っていたとき、友人から「長田《ながた》で新聞を作っているところがある」という話を聞きつけました。印刷《いんさつ》関係の仕事をしてきた吉良さんは「なにか手伝えるのではないか」と思い、あとで駆《か》けつけました。

現在《げんざい》、吉良さんは長田《ながた》区で、障害者施設《しょうがいしゃしせつ》でなく地域《ちいき》で暮《く》らしたい障害者《しょうがいしゃ》のための活動や、まちづくり活動に幅広《はばひろ》くかかわっています。そういう道に進むことになった経緯《けいい》は、このとき駆《か》けつけた被災地《ひさいち》で、被災地障害者《ひさいちしょうがいしゃ》センターや、松村《まつむら》さんたちの活動にかかわったことから始まりました。

被災地障害者《ひさいちしょうがいしゃ》センターの活動は、障害者《しょうがいしゃ》の安否確認《あんぴかくにん》などから始まり、その後、一般《いっぱん》の避難所《ひなんじょ》では生活できない障害者《しょうがいしゃ》のために、プレハブの避難所《ひなんじょ》を建てたりもしました。

神戸《こうべ》市は高齢者《こうれいしゃ》・障害者《しょうがいしゃ》向けの仮設住宅《かせつじゅうたく》の建設《けんせつ》を約束《やくそく》したものの、建設《けんせつ》が遅《おく》れ、被《ひ》災地障害者《さいちしょうがいしゃ》センターには「もう限界《げんかい》」という悲鳴が寄《よ》せられていました。そこで急場しのぎに建てたのが、ネットワークを通じて調達した、工事現場《げんば》用のプレハブでした。

松村さんはそこでも、「そこには移《うつ》らない」という人との出会いによって、人のつながりの大切さを感じさせられていました。

ある小学校に、知的障害《ちてきしょうがい》のある二〇代の息子《むすこ》と避難《ひなん》していた母親は、松村さんが移《い》転《てん》を勧《すす》めると、非常《ひじょう》に喜びながらも「でもここがいいんです」と答えました。

「なぜですか」と問うと、次のような答えが返ってきたといいます。

じつは息子《むすこ》は、中学時代から急に学校に行かなくなって、家に引きこもってしまった。

震災《しんさい》でここへ来ても、人と接《せっ》するのをいやがってしかたがなかった。トイレに行こうとすると、隣《となり》に避難《ひなん》してきている坊《ぼう》やから「どこに行くんですか」とか「行ってらっしゃい」と声をかけられ、それに返事をするのもいやがった。ところが、いつの間にか「いってきます」とか「ただいま」とか答えるようになり、坊《ぼう》やと話すようになった。移転《いてん》の話はうれしいけれど、今はせっかく息子《むすこ》に友だちができたのだから、ここがいい――。

「自分もボランティア体験をして記事を書こうとしていた新聞記者が、この話を聞いて、こんなふうに書きました。『私は長い間、家というものは雨露《あまつゆ》をしのいで暮《く》らす場所だと思っていたけれど、ちがいました。家というのは、人と人の絆《きずな》を生み出す場所なのです』と。ええこと書いたなあと思いました。そういうことなんですよ」

吉良さんは、そんな話が生まれる被災地障害者《ひさいちしょうがいしゃ》センターや松村さんたちの活動に出会い、センター主催《しゅさい》のお祭りやバザーなどのイベントの企画《きかく》に携《たずさ》わりました。こうした活動は、同じ障害《しょうがい》のある者どうしや小規模《しょうきぼ》作業所内でのつながりという枠《わく》を越《こ》え、障害《しょうがい》の種類にかかわらない交流、さらには一般《いっぱん》の市民とも交流できるものへと展開《てんかい》されていきました。

枠《わく》組《ぐ》みを超《こ》えたイベント「一七市《いちなないち》拡《かく》大《だい》版《ばん》」

借りた建物が全壊《ぜんかい》してしまった吉良《きら》さんの友人の小規模《しょうきぼ》作業所設立《せつりつ》の話も、実現《じつげん》へと動き出しました。地域《ちいき》交流拠点《きょてん》としての小規模《しょうきぼ》作業所づくりを目指す松村《まつむら》さんなど、周《しゅう》囲《い》の応援《おうえん》を得て、震災《しんさい》の年の一〇月にオープンすることができたのです。当時神戸《こうべ》ではまだ少なかった陶芸《とうげい》に取り組むことになりました。それをバザーなどで販売《はんばい》して、少しでも地域《ちいき》の障害《しょうがい》のある人の経済的《けいざいてき》自立に結びつけていこうという計画です。

一一月には、地域《ちいき》の小規模《しょうきぼ》作業所に新しい動きが生まれました。「くららべーかりー」が「震災《しんさい》のときに助け合った心を忘《わす》れないように」と、「一七市《いちなないち》」と称《しょう》して震災《しんさい》の起きた一七日にバザーを実施《じっし》。ほかの作業所も参加して、毎月一七日にバザーなどが催《もよお》されるようになりました。これは、地域《ちいき》の交流拠点《きょてん》としての作業所づくりを進める松村さんたちの動きとも連動したもので、吉良さんたちの作業所も参加しました。

一七市《いちなないち》は、翌《よく》一九九六年には「年に一回みんなで集まってやろう」という話に発展《はってん》し、毎年一一月一七日に、JR《ジェイアール》新長田《しんながた》駅前で開かれる「一七市拡大版《いちなないちかくだいばん》」が始まりました。「長田《ながた》ボランティアセンター・それゆけネットワーク」などの呼《よ》びかけにより、小規《しょうき》模《ぼ》作業所だけでなく、地域《ちいき》の小中学校、商店街《しょうてんがい》、企業《きぎょう》などいろいろな団体《だんたい》や個人が参加。「障害者《しょうがいしゃ》と健常者《けんじょうしゃ》」といった枠組《わくぐ》みを超《こ》えたまちづくりイベントになりました。吉良さんは、これにも積極的《せっきょくてき》に参加し、のちに実行委員長を務《つと》めることにもなりました。

ちなみに、「長田《ながた》ボランティアセンター・それゆけネットワーク」とは、長田《ながた》区社会《しゃかい》福祉協議会《ふくしきょうぎかい》の中にあるボランティアセンターのことですが、「区」がつかない長い名前にはわけがあります。

震災《しんさい》当初、長田《ながた》区にボランティアセンター（略称《りゃくしょう》ボラセン）はありませんでした。全国から駆《か》けつけたボランティアのリーダーたちは、時間と場所を決めて相互《そうご》の連絡《れんらく》・調整のためのミーティングを開き、これがボラセンの役割《やくわり》を果たしました。その人たちが社会福祉協議会《しゃかいふくしきょうぎかい》に働きかけて「それゆけネットワーク」というボラセンを設立《せつりつ》しようとしたときに、神戸《こうべ》市の施策《せさく》として、各区にボラセンが設《もう》けられることになりました。長田《ながた》区のボラセンではあるけれど、行政主導《ぎょうせいしゅどう》ではなく、ボランティアのネットワークから生まれたもの——。そうした設立者《せつりつしゃ》たちの思いを名前に刻《きざ》んでいるのです。

このような誕生《たんじょう》の経緯《けいい》もあって、「長田《ながた》ボランティアセンター・それゆけネットワーク」は、一般的《いっぱんてき》な市区町村のボラセンよりも、深く地域《ちいき》の動きとつながりをもって、いろいろな調整役をしていました。吉良さんたちにとっては、瓦礫《がれき》の山や焼け野原となった長田《ながた》のまちで、ともに一ボランティアとして汗《あせ》を流した仲間もいるボラセンでした。

車いす利用者向けのタウン情報紙《じょうほうし》を発刊《はっかん》

「いろいろな活動をいっしょにした仲間と飲んでいるときに、『情報紙《じょうほうし》はいっぱい出ているけど、温泉《おんせん》を紹介《しょうかい》していても、そこに行くまでのエレベータの有無《うむ》とか、そういう情報《じょうほう》が載《の》ってないやんか』という話になりました。『じゃあ、一度、この地域《ちいき》だけでも調べて、まとめてみよう』という話になりました」

「一七市拡大版《いちなないちかくだいばん》」が始まった翌年《よくねん》、吉良《きら》さんはそんなことから地域《ちいき》のバリアフリー情報紙《じょうほうし》の発行という、新しい活動にかかわることになりました。

有志《ゆうし》のメンバーは、昼間は別々の小規模《しょうきぼ》作業所で働いていたので、夜集まって会議をしました。最初は、ある程度《ていど》調べて、一度まとめたら終わるつもりでした。

「ところが、お店の人たちに会っていくうちに、障害者《しょうがいしゃ》とふれあう機会がないんだなとすごく感じて、自分たちがあちこち出ていかなければいかんのだなと思いました。そうしたら、『ほな、小規模《しょうきぼ》作業所にしてみよか』と言って応援《おうえん》してくれる人がいて」

こうしてタウン情報紙《じょうほうし》『トゥモロー』を発行する、トゥモロー編集室《へんしゅうしつ》が設立《せつりつ》され、吉良さんは陶芸《とうげい》の作業所を離《はな》れて、代表を務《つと》めることになったのです。

そのころ、吉良さんはある建物と痛恨《つうこん》の再会《さいかい》をしました。それは神戸随一《ずいいち》の繁華街《はんかがい》・三宮駅《さんのみや》前、いわば神戸《こうべ》の玄関口《げんかんぐち》にあるビルでした。

震災前《しんさいまえ》、入口とエレベータを結ぶ最短の通路に二段《だん》の階段《かいだん》があって、車いすの人は、遠回りしなければエレベータを利用できませんでした。震災《しんさい》があったのは、すでにバリアフリーが叫《さけ》ばれていた時代。吉良さんは、震災《しんさい》で大破《たいは》して大改修《だいかいしゅう》されたビルでは、当然スロープが付けられたものと思っていました。ところが、前と同じだったのです。

「ああ、しもうた。障害者《しょうがいしゃ》の声が届《とど》いていなかったんか。やっぱり声を上げていかないとあかんのやなぁ」

こんな体験をしたこともあり、吉良さんは『トゥモロー』の仕事に情熱《じょうねつ》を注《そそ》ぎました。お店を取材して歩くほど、車いすの人が入れないような段差《だんさ》のある店は、車いすの人の利用がないから気がつかなかっただけ、というケースが多いことがわかりました。

「ある喫茶店《きっさてん》に入ると、そこの大将《たいしょう》は、最初怪訝《けげん》な顔でした。『なにをしに来たんやろ』という感じ。障害者《しょうがいしゃ》と接《せっ》したことがない人は、だいたいそうなんです。でも、話していくと、ぼくの言うことをわかってくれて、『ここの段《だん》、取らなあかんなあ』という言葉も出ました。そして、次に行ったら、ほんとうに取ってありました。そのときはうれしくて、『ああ、こういうことの積《つ》み重《かさ》ねなんやな』と思いました」

長田《ながた》区を中心としたタウン情報紙《じょうほうし》『トゥモロー』は、A《エー》4サイズ・モノクロ印刷《いんさつ》・十数ページのフリーペーパー。毎号一万部を刷《す》って、官公庁《かんこうちょう》・郵便局《ゆうびんきょく》・広告を出してくれた店などに置いてもらいました。スタッフには健常者《けんじょうしゃ》もいましたが、取材は車いす利用のスタッフが行いました。

車いす利用者向けのタウン情報《じょうほう》をまとめて発信することは、もちろんバリアフリーのまちづくりの上で意味がありましたが、車いす利用のスタッフがまちに出て取材して回るという行為《こうい》自体、まちの人々に大きなインパクトを与《あた》えました。

一九九九年末、JR《ジェイアール》新長田《しんながた》駅南地区の六商店街《しょうてんがい》の若手有志《わかてゆうし》は、地域活性化《ちいきかっせいか》を目指す任意団体《にんいだんたい》「アスタきらめき会」を設立《せつりつ》し、「人にやさしい商店街《しょうてんがい》づくり」を目指しました。その過程《かてい》には吉良さんとの出会いもあったと、第二章で紹介《しょうかい》した近畿《きんき》タクシー・森崎清登《もりさききよと》社長は証言《しょうげん》します。

森崎さんが吉良さんと出会ったのは、新長田《しんながた》の商店街《しょうてんがい》にかかわるきっかけになった同年秋の「復興《ふっこう》大バザール」のときでした。

近畿《きんき》タクシーはこのとき、低公害《ていこうがい》の天然ガスを燃料《ねんりょう》とし、足の不自由な人のために座《ざ》席《せき》が横に出るリフトシートを搭載《とうさい》した「エコ福祉《ふくし》タクシー」を会場に乗り入れ、高齢者《こうれいしゃ》などの送迎《そうげい》にあたっていました。それをPR《ピーアール》する森崎さんに、電動車いすに乗った人が近づいてきて、「取材させてほしい」と声をかけたのです。それが吉良さんでした。

森崎さんは快諾《かいだく》し、トゥモロー編集室《へんしゅうしつ》も訪《たず》ねました。そして、

「いろいろ見せてもらって『トゥモローは、どんなところに撒《ま》いているの?』と聞いたら、『なかなか撒《ま》けるところがなくて』という。『商店街《しょうてんがい》は?』と聞いたら、『いいんですか?』なんていう。

『いいもなにも、地域《ちいき》に出ないと。地域《ちいき》といったらまず商店街《しょうてんがい》。一回、会合に来なよ』と引っぱっていった。そうしたら、商店街《しょうてんがい》のほうで『珍《めず》しい人が来たな。そうか、よっしゃ、福祉《ふくし》の商店街《しょうてんがい》づくりや』という話になったんです」

障害《しょうがい》のある人たちの絆《きずな》だけでは安心して暮《く》らせない

被災地障害者《ひさいちしょうがいしゃ》センターの活動や一七市拡大版《いちないちかくだいばん》などにより、長田《ながた》区内には小規模《しょうきぼ》作業所を中心に、小中学校、商店街《しょうてんがい》、企業《きぎょう》、NPO《エヌピーオー》などが垣根《かきね》を越《こ》えてつながる、草の根のネットワークが形成されました。

吉良《きら》さんはタウン情報紙《じょうほうし》『トゥモロー』の活動でいろいろな人を訪《たず》ね歩《ある》くほか、それ以前からの被災地障害者《ひさいちしょうがいしゃ》センターの活動や、一七市拡大版《いちないちかくだいばん》にも深くかかわっていました。一作業所の代表にとどまらず、草の根のネットワークのつながりを作り出す、有力な媒介者《ばいかいしゃ》の一人になっていました。

そんな吉良さんは、二〇〇一年、また一つ新しい仕事に取り組むことになりました。長田神社地域《ながたじんじゃちいき》にある長田《ながた》中央小売《こうり》市場、通称《つうしょう》「いちば」（第三章参照《さんしょう》）の中の空き店舗《てんぽ》を利用した「いちばで元気」というプロジェクトです。

「いちば」から空き店舗《てんぽ》利用の誘《さそ》いを受けた吉良さんたちは、草の根のネットワークでつながる諸団体《しょだんたい》に呼《よ》びかけて、いっしょに取り組むための運営《うんえい》委員会を立ち上げました。そして、小規模《しょうきぼ》作業所で作っている製品《せいひん》の販売《はんばい》や、いろいろな企画《きかく》を共同で行っていくことにしました。これが「いちばで元気」で、吉良さんは『トゥモロー』の仕事のかたわら、運営《うんえい》委員会の委員長をすることになりました。

これまで諸団体連携《しょだんたいれんけい》の取り組みは、一七市拡大阪《いちないちかくだいばん》など期日限定《げんてい》のイベントだけで、一般《いっぱん》の地域《ちいき》住民がその取り組みにふれるのも、そのときだけでした。店を運営《うんえい》することは、それを日常的《にちじょうてき》なものにする意味がありました。

そして、翌《よく》二〇〇二年には、この日常的《にちじょうてき》な取り組みの上に立って、地域《ちいき》の小学校の「総合的《そうごうてき》な学習の時間」にいっしょに取り組む「こどもいちば」という企画《きかく》を始めました。

その内容《ないよう》は、まず子どもたちが「くららべーかりー」など、企画《きかく》に参加する小規模《しょうきぼ》作業所で、一日ボランティア体験をします。パン・クッキー・手芸品《しゅげいひん》など、それぞれの作業所の製品《せいひん》を、障害《しょうがい》のある作業所のメンバーといっしょに作りながら、障害《しょうがい》のある人の生活などに理解《りかい》を深めます。そして、作ったものを「いちば」で販売《はんばい》するのです。

「ぼくらが一番考えたのは、ひとことで言うと、人と人の関係、絆《きずな》というものをどうやってつくるかということでした」

「えんぴつの家」の松村《まつむら》さんは、震災後《しんさいご》の活動を、そうふり返ります。

障害《しょうがい》のある人が一生親兄弟の保護《ほご》の下で生きるのではなく、人里離《はな》れた施設《しせつ》で保護《ほご》されて生きるのでもなく、地域《ちいき》でほかの人たちといっしょに生きる――。その実現《じつげん》のために、働く場としての小規模《しょうきぼ》作業所や、暮《く》らしの場としてのグループホームなどがつくられました。

しかし、震災《しんさい》は、そのような場所だけ、あるいは、障害《しょうがい》のある人や関係者の間の絆《きずな》だけで、安心して暮《く》らせるものではないことを教えました。地域《ちいき》の人々とのつながりの有《う》無《む》が、障害《しょうがい》のある人の被災後《ひさいご》の暮《く》らしにも大きく影響《えいきょう》していました。「震災《しんさい》のときに助け合った心を忘《わす》れないように」との思いで始まった一七市《いちなないち》、そして一七市拡大版《いちなないちかくだいばん》、「いちばで元気」、「こどもいちば」へと続く動きは、地域《ちいき》の人々と、より日常的《にちじょうてき》につながりをもとうとする動きでもありました。

被災地障害者《ひさいちしょうがいしゃ》センターは、非常時《ひじょうじ》の活動から平時《へいじ》の活動へと移行《いこう》し、NPO《エヌピーオー》法人「拓人《たくと》こうべ」と名前を変えました（松村さんが副《ふく》代表、吉良さんも理事の一人として参画《さんかく》）。そして、次の四つの基本方針《きほんほうしん》を掲《かか》げました。
一、地域《ちいき》に根ざした恒常的《こうじょうてき》な活動を行い、障害者《しょうがいしゃ》市民活動のスタイルを目指す。
二、草の根のネットワークを大切にし、「顔の見える関係」を基本《きほん》にする。
三、障害者《しょうがいしゃ》発の情報《じょうほう》発信をしっかり行う。
四、市民に開かれ、共感を生み、参加できるいろんな事業を生み出す。
震災前《しんさいまえ》、仕事以外のつきあいがほとんどなかった吉良さん。その彼《かれ》が「なにかできひんかな」と長田《ながた》の被災地《ひさいち》に駆《か》けつけて始めた活動は、この四つを満たすものへと発展《はってん》しました。

二〇〇六年、吉良さんはまた新たな仕事に乗り出しました。

一七市拡大版《いちなないちかくだいばん》などがつくり出した草の根ネットワークがNPO法人《エヌピーオー》「ネットワークながた」を設立《せつりつ》し、区の障害者地域生活支援《しょうがいしゃちいきせいかつしえん》センターの事業を請《う》け負《お》うことになりました。そのセンター長に推《お》されたのです。

障害者地域生活支援《しょうがいしゃちいきせいかつしえん》センターの仕事は、その名の通り、障害《しょうがい》のある人が地域《ちいき》で暮《く》らすのを支援《しえん》することで、制度《せいど》の使い方など、各種の相談が中心です。

「ながた障害者地域生活支援《しょうがいしゃちいきせいかつしえん》センター」は、障害《しょうがい》の当事者である吉良さんがセンター長になることによって「当事者が主人公のセンター」になることを目指しました。その後、吉良さんはピアカウンセリング室長となりましたが、これは相談業務《ぎょうむ》に専念《せんねん》するということでした。

ピアカウンセリングとは、同じ悩みをもつ者どうしという立場から行うカウンセリングのこと。ここでは、障害《しょうがい》のある人が障害《しょうがい》のある人の相談にのることを意味します。

吉良さんのように、単に地域《ちいき》で暮《く》らすだけでなく、震災《しんさい》という非常時《ひじょうじ》を体験して地《ち》域《いき》の人々といっしょにまちづくり活動をしてきたようなカウンセラーは稀《まれ》です。このようなカウンセラーが地域《ちいき》で暮《く》らしたい障害者《しょうがいしゃ》の相談にのることも、人と人のつながりがある、長田《ながた》の復興《ふっこう》まちづくりをさらに前進させるにちがいありません。

人間こそがメディア

さまざまな言葉で語り合うコミュニティ放送局

「まちが土に返っている感じでした」

長田区《ながたく》一帯を放送エリアとするコミュニティ放送局「FM《エフエム》わぃわぃ」の総合《そうごう》プロデューサーを務《つと》める金千秋《きむちあき》さんは、震災《しんさい》直後の自宅《じたく》周辺の様子をそう語ります。

長田区《ながたく》の西隣《にしどなり》の須磨《すま》区内。京都《きょうと》から伸《の》びる西国街道《さいごくかいどう》（山陽道《さんようどう》）沿《ぞ》いの古い市街地《しがいち》で、土塀《どべい》や土壁《つちかべ》を持つ旧家《きゅうか》の屋敷《やしき》がたくさんありました。それが軒並《のきな》み全壊《ぜんかい》して、土の山と化していたのです。金さんが住んでいた家屋《かおく》も全壊《ぜんかい》しました。幸い家族ともども無事だったものの、手のつけようのない状態《じょうたい》に、呆然《ぼうぜん》とするほかありませんでした。

数時間後のこと。一つの記憶《きおく》に残る出来事を体験しました。

震災前《しんさいまえ》、金さんが犬の散歩に行くと、よく見かける家族がいました。しかし、声をかけ合うことはありませんでした。家族は南米系《なんべいけい》のように見え、聞こえてくる会話は金さんにはわからない言葉でした。その家族のほうも、日本語がわからないようで、出会う人と言葉を交《か》わそうとする様子がありませんでした。

その奥《おく》さんが声を上げて泣くのが聞こえてきました。行ってみると、ご主人が全壊《ぜんかい》した家の上で、なにかしようとしていました。人が集まっていましたが、夫婦《ふうふ》の言葉がわからないので、遠巻《とおま》きに見ているだけでした。

そこへ友人のアイルランド人がやってきて、「娘《むすめ》さんが下にいると言っている」と英語で伝えました。おどろいて、見ている人たちに日本語で伝えると、「それはたいへん」と、みながいっせいに救出に動きました。すると、ご主人がなにか言ったので、友人が訳《やく》しました。「そんなにたくさんの人が上がったら潰《つぶ》れちゃうって」。そんな形でやり取りしているうち、居合《いあ》わせた人たちの間に連携《れんけい》が生まれ、娘《むすめ》さんは無事救出されました。

「みんなの熱い思いが、ほんとうにアッという間につながりました。あとになって思いました。そうか、言葉がわかることで、あんなにもみんなの心が連結するんだな、と」金さんにとって、その後の活動の原点になる体験でした。

ちなみに、のちの調査《ちょうさ》で、閉《と》じこめられた家から救出された人の八割《わり》が、隣近所《となりきんじょ》の人によって助け出されたことがわかりました。一瞬《いっしゅん》にしてあまりにも多くの人が被災《ひさい》したので、消防《しょうぼう》や自衛隊《じえいたい》など公的な救援組織《きゅうえんそしき》は、とてもすべてには手が回らなかったのです。

ＦＭ《エフエム》ラジオから「アリラン」が聞こえる！

住まいを失った金《きむ》さんは、無事だった両親のマンションに身を寄《よ》せました。在日韓国《ざいにちかんこく》人《じん》の夫は、親類や知り合いの安否確認《あんぴかくにん》などのため、ＪＲ新長田《ジェイアールしんながた》駅の近くにある在《ざい》日本大韓民国民団《だいかんみんこくみんだん》（略称《りゃくしょう》、民団《みんだん》）の西神戸《にしこうべ》支部まで、毎日歩いて通いました。

家には、在日韓国人《ざいにちかんこくじん》のルートから続々と救援物資《きゅうえんぶっし》が届《とど》けられました。

「そこが在日韓国人《ざいにちかんこくじん》のネットワークのすごいところで、冷凍《れいとう》の肉パックとかカセットボンベとか、あっという間にみなさんがいろいろなものを届《とど》けてくれました。だからわたしは、ほかからの支給品《しきゅうひん》をもらったことがありません」

情報《じょうほう》も物資《ぶっし》も、在日韓国人《ざいにちかんこくじん》がもっとも頼《たよ》りにしたのは、「同胞《どうほう》」と呼《よ》ぶ、自分たちのネットワークでした。やがて、民団西神戸《みんだんにしこうべ》支部で、在日韓国人《ざいにちかんこくじん》に情報《じょうほう》を伝えるＦＭ《エフエム》放送が始まったことも知りました。

「周波数を合わせたら『アリラン』（もっとも有名な朝鮮民謡《ちょうせんみんよう》の一つ）が聞こえてきて、びっくりしました。在日《ざいにち》の人向けの放送局ができて、その放送で聞くなんて、考えたこともありませんでした。近所の在日《ざいにち》の人に教えてあげたら『ほんとうだ、聞こえる、聞こえる！』。あのときはほんとうに感動的でした」

当時、日本のマスコミは、連日大量の被災地情報《ひさいちじょうほう》を伝えていました。しかし、在日《ざいにち》外国人に関する情報《じょうほう》は少なく、日本語を理解《りかい》できない人には伝わりませんでした。被災《ひさい》した外国人には、同胞《どうほう》から口コミなどで伝わる情報《じょうほう》が頼《たよ》りという人がおおぜいいました。民団《みんだん》の放送は、大阪《おおさか》でミニFM《エフエム》局を開設《かいせつ》していた在日韓国人《ざいにちかんこくじん》たちが、放送機材を持って駆《か》けつけて始めたものでした。一月三〇日、「FM《エフエム》ヨボセヨ」の誕生《たんじょう》でした。

当時専業主婦《せんぎょうしゅふ》だった金さんは、支部に通っていた夫《おっと》から救援《きゅうえん》活動を手伝いに行くように言われ、この放送にかかわることになりました。おおぜいの人がいろいろな救援《きゅうえん》活動で動き回る中、机《つくえ》の上にある紙を、マイクのスイッチを入れて読み上げるよう頼《たの》まれ、そのまま放送を手伝う一員として、マイクに向かい続けることになったのです。

『ヨボセヨ』は電話をかけるときに使う、日本語の『もしもし』のような言葉です。民団《みんだん》の四階《かい》にあった韓国《かんこく》学園からの放送の第一声が『ヨボセヨ』で、それが局の名前になってしまったんです。わざわざ考えてつけた名前ではありません。当時はみな、『とにかく情報《じょうほう》を伝えなければ』という思いだけでした」

情報《じょうほう》は一日三回、日本語と韓国《かんこく》・朝鮮語《ちょうせんご》の両方で流しました。炊《た》き出《だ》しや風呂《ふろ》の場所など毎日の生活支援情報《しえんじょうほう》から著名人《ちょめいじん》の慰問《いもん》予定などまで、内容《ないよう》は多岐《たき》にわたりました。

その中には、「名前を届《とど》け出《で》てほしい」という呼《よ》びかけもありました。

在日《ざいにち》コリアン（韓国《かんこく》・朝鮮人《ちょうせんじん》）には、地域《ちいき》の避難所《ひなんじょ》に入る際《さい》、差別をおそれて、本名ではなく通名《つうめい》で登録《とうろく》した人がおおぜいいいました。当時、民団《みんだん》のメンバーが安否確認《あんぴかくにん》に歩き回っていましたが、その人たちの安否《あんぴ》はなかなかわからず、民団《みんだん》の支援《しえん》も届《とど》きませんでした。そこで、避難所《ひなんじょ》にラジオを配って回り、放送で呼《よ》びかけたのです。

「ヨボセヨ」と「ユーメン」で「F《エフ》M《エム》わぃわぃ」誕《たん》生《じょう》

放送が軌道《きどう》に乗ると、ベトナム人の救援組織《きゅうえんそしき》に対して「ベトナム人も母国語で放送をしたらどうか」という呼《よ》びかけが行われました。

長田《ながた》区内に密集《みっしゅう》していた町工場で、多くのベトナム人が働き、家賃《やちん》の安い古い住宅《じゅうたく》で暮《く》らしていました。そのため多くの人が、震災《しんさい》で職場《しょくば》も家も失いました。

在日《ざいにち》ベトナム人のほとんどは、日本がベトナム戦争後《せんそうご》に発生した難民《なんみん》の定住《ていじゅう》を認《みと》めた一九七八年以降《いこう》にやってきた人と、その子どもです。そのため、多くの人が言葉のハンディで情報《じょうほう》を得られず、避難所《ひなんじょ》に行っても孤立《こりつ》しました。民団《みんだん》のような強力な同胞組織《どうほうそしき》もなく、「被災《ひさい》ベトナム人救援連絡会《きゅうえんれんらくかい》」が設立《せつりつ》されたばかりでした。

在日《ざいにち》ベトナム人には、在日《ざいにち》コリアンの経営《けいえい》する工場で働く人も多かったため、民団西《みんだんにし》神戸《こうべ》支部にも、ベトナム人がコリアン以上に過酷《かこく》な避難《ひなん》生活を強《し》いられていることが伝わっていました。

こうした経緯《けいい》から、四月半《なか》ば、FM《エフエム》ヨボセヨや関係者の協力により、被災《ひさい》ベトナム人救援連絡会《きゅうえんれんらく》が中心になって、「FM《エフエム》ユーメン」（ベトナム語で「友愛《ゆうあい》」の意）が開局しました。似《に》たような境遇《きょうぐう》にあるアジア系や南米系《なんべいけい》の人々にも目を向け、ベトナム語、フィリピーノ語、英語、スペイン語、日本語の五か国語で放送を開始しました。

FM《エフエム》ユーメンは、被災《ひさい》ベトナム人救援連絡会《きゅうえんれんらく》設立《せつりつ》の拠点《きょてん》となった、カトリックたかとり教会の敷地《しきち》で開局しました。教会は、あたり一帯を焼《や》き尽《つ》くした火災《かさい》で建物が全《ぜん》焼《しょう》し、六五〇坪《つぼ》の敷地《しきち》を「救援基地《きゅうえんきち》」として、ボランティアに開放していました。

一方、FM《エフエム》ヨボセヨでは、民団西神戸《みんだんにしこうべ》支部が建物の再建《さいけん》へと動く中、緊急救援《きんきゅうきゅうえん》の時期をすぎたあとの、局の存在《そんざい》意義について考えるようになりました。

震災《しんさい》で在日《ざいにち》コリアンは一般《いっぱん》の日本人にはわからない苦労《くろう》を体験しましたが、それはほかの外国人も同じでした。視野《しや》を広げれば、日本人の中でも障害《しょうがい》のある人などは、一般《いっぱん》の人以上の困難《こんなん》を味わっていました。

「震災《しんさい》以前の日常《にちじょう》の中で放置されていた問題が、震災《しんさい》によって蓋《ふた》が取れて、一気に噴《ふ》き出《だ》したのだと気づきました。緊急《きんきゅう》の時期がすぎて、人々の活動が日常《にちじょう》にもどっていっても、その問題のことは発信し続ける必要があると思いました」

FM《エフエム》ヨボセヨとFM《エフエム》ユーメンはこうした考えで一致《いっち》し、七月にたかとり教会の救援基《きゅうえんき》地《ち》で一つの放送局「FM《エフエム》わぃわぃ」になりました。「ヨボセヨ」と「ユーメン」の両方の頭文字《かしらもじ》、Y《ワイ》の読みを二つならべた名前には、いろいろな人が集まってにぎわう放送局になってほしいという願いもこめました。

「救援基地《きゅうえんきち》には、復興《ふっこう》活動にかかわるいろいろな人が集まってくるので、その人たちに、新しい情報《じょうほう》や困《こま》っている問題を直接《ちょくせつ》話してもらうことができました。それをほかの言語でも放送しました。そうすると、さらに多くの人が集まってきました。東京《とうきょう》や大阪《おおさか》のメディアも取材に来て報《ほう》じたので、全国各地からも人が集まるようになりました。そして、いろいろなつながりと、助け合いが生まれていきました」

F M《エフエム》わぃわぃのテーマは「多《た》文《ぶん》化《か》共《きょう》生《せい》のまちづくり」

FM《エフエム》わぃわぃはその後、「コミュニティ放送」（市区町村程度《ていど》の地域内《ちいきない》放送）の免許《めんきょ》取得《とく》をへて、震災《しんさい》一周年の一九九六年一月一七日に、装《よそお》いも新たに再《さい》スタートしました。本来ならFM《エフエム》ヨボセヨもFM《エフエム》ユーメンも、免許取得後《めんきょしゅとくご》に放送を行う必要があったのですが、非常事態《ひじょうじたい》の中で生まれた活動のため、手続きがあとまわしになっていました。監督官庁《かんとくかんちょう》の郵政省《ゆうせいしょう》（現《げん》・総務省《そうむしょう》）も、そうした経緯《けいい》と必要性《ひつようせい》から、柔軟《じゅうなん》な姿勢《しせい》で見守っていました。

正式なコミュニティ放送局になるのを境《さかい》に、非常時《ひじょうじ》の放送から平時《へいじ》の放送へと移行《いこう》したFM《エフエム》わぃわぃのテーマは、「多文化共生《たぶんかきょうせい》のまちづくり」。放送活動を通して、日本人もふくめた文化も言語も異《こと》なる多様な人々がともに助け合い、安心して気持ちよく暮《く》らせるまちをつくっていこうという趣旨《しゅし》でした。

救援基地《きゅうえんきち》では、さまざまな新しい活動が派生《はせい》していきました。

在日《ざいにち》コリアンの被災者支援《ひさいしゃしえん》から始まった「兵庫《ひょうご》県定住外国人生活復興《ふっこう》センター」が、救援基地《きゅうえんきち》に移《うつ》ってきて被災《ひさい》ベトナム人救援連絡《きゅうえんれんらく》会と連携《れんけい》し、一九九七年二月に「神戸《こうべ》定住外国人支援《しえん》センター」が生まれました。その重要な仕事の一つが翻訳《ほんやく》・通訳《つうやく》で、さまざまな言語のスタッフが集まっていました。

一方、ＦＭ《エフエム》わぃわぃでも、日本語の堪能《たんのう》な留学生《りゅうがくせい》や在日《ざいにち》外国人が集まって、多言語《たげんご》放送に取り組んでいました。当初の日本語をふくめた五言語に加えて、中国語と、ポルトガル語（日系《にっけい》ブラジル人向け）の放送も始まりました。

これらはボランティアの救援《きゅうえん》活動でしたが、翻訳《ほんやく》・通訳《つうやく》自体は平時《へいじ》になっても必要な活動です。震災《しんさい》で多くの外国人が言葉の壁《かべ》に苦しんだ教訓《きょうくん》からすれば、日常《にちじょう》から多くの人材が継続的《けいぞくてき》に携《たずさ》わることができ、必要な人が気軽に利用できる活動にすべきでした。

そうした問題意識《いしき》から、まちづくりを支《ささ》える翻訳《ほんやく》・通訳《つうやく》ビジネスとして「多言語センターＦＡＣＩＬ《ファシル》」（スペイン語、ポルトガル語で「やさしい」という意味）が設立《せつりつ》されました。

たかとり教会は、救援基地《きゅうえんきち》の活動によって、信者以外の外国人も頻繁《ひんぱん》に出入りする場所になりました。彼《かれ》らの間では、外国人を受け入れる環境《かんきょう》が未成熟《みせいじゅく》な日本社会で、子どもたちもハンディを負わされることが、共通の悩《なや》みとして話題にのぼりました。

多文化《たぶんか》・多言語《たげんご》の子どもたちが、「ちがい」が原因《げんいん》でいじめの対象《たいしょう》になったり、日本人なら当たり前に得られる教育などの機会を得られなかったりしないように。「ちがい」をおそれずに、きちんと自分のアイデンティティを確立《かくりつ》できるように。

そんな願いからは、一九九八年、在日《ざいにち》外国人の子どもたちの環境改善《かんきょうかいぜん》に取り組む「ワールドキッズコミュニティ」という非営利組織《ひえいりそしき》が設立《せつりつ》されました。

震災後《しんさいご》、インターネットが急速に普及《ふきゅう》しました。FM《エフエム》わぃわぃでもウェブサイトを開設《かいせつ》し、インターネット放送に取り組むようにもなりました。こうした活動からは、一九九九年、IT《アイティー》を活用して、多文化《たぶんか》・多言語《たげんご》のまちづくりを支《ささ》える非営利組織《ひえいりそしき》「ツール・ド・コミュニケーション」が生まれました。

救援基地《きゅうえんきち》に拠点《きょてん》を置く団体《だんたい》は、必要に応《おう》じて連携《れんけい》しながら活動しました。そして二〇〇〇年五月、そのゆるやかなネットワークの枠組《わくぐ》みとしてＮＰＯ《エヌピーオー》法人「たかとりコミュニティセンター」が設立《せつりつ》され、「救援基地《きゅうえんきち》」の時代に幕《まく》を引きました。

同センターは、救援基地《きゅうえんきち》の敷地提供者《しきちていきょうしゃ》で、ＦＭ《エフエム》わぃわぃの代表、諸団体《しょだんたい》の媒介者《ばいかいしゃ》でもあった、カトリックたかとり教会の神田裕神父《かんだひろししんぷ》が中心になって設立《せつりつ》しました。その背景《はいけい》に、教会の活動にかかわりなく、市民の活動が存続《そんぞく》するようにという神父《しんぷ》の願いがあったと、金《きむ》さんは話します。

「人と人のちがいには、男女や年齢《ねんれい》、障害《しょうがい》、民族や国籍《こくせき》などとならんで、宗教《しゅうきょう》がありますよね。その垣根《かきね》も乗《の》り越《こ》えて、いっしょにやっていこうと考えてくださいました」

少数者の視点《してん》から見た社会の問題を取り上げる

新しい活動も生まれて、救援基地《きゅうえんきち》が「たかとりコミュニティセンター」へと発展《はってん》する中、FM《エフエム》わぃわぃはどうなったのでしょうか。

毎年、震災《しんさい》関連で多くのメディアに取り上げられ、いろいろな人が集まっていましたが、そんな中で「迷走《めいそう》が始まった」と金《きむ》さんは言います。

「素人《しろうと》がやっていますから、だんだん『ラジオとはこういうものだ』という既成概念《きせいがいねん》で、朝八時から深夜〇時まで、いろんな番組を放送するようになりました。FM《エフエム》わぃわぃはなんのためにあるのか、存在《そんざい》意義が曖昧《あいまい》になって、地域《ちいき》からも『なにをしているのかわからへん』と思われるような存在《そんざい》になり始めました」

いろいろなボランティアがやってきてつくる番組は、局がテーマとする「多文化共生のまちづくり」とはあまり関係のないものが増《ふ》えていきました。そのような放送に、収益《しゅうえき》に見合わない支出《ししゅつ》を続けたので、経営状態《けいえいじょうたい》も悪化していきました。

二〇〇三年、ついに「たかとりコミュニティセンター」を拠点《きょてん》とする諸団体《しょだんたい》の中心メンバーが、見るに見かねてFM《エフエム》わぃわぃ再建《さいけん》のための委員会を設立《せつりつ》しました。

「FM《エフエム》わぃわぃをつくったときの多くの人の思いを無にしてはならない。今後の活動のためにも、国の免許《めんきょ》ももった自分たちのメディアは絶対《ぜったい》に必要。この灯《ひ》を消してはならない。みなさん、そういう思いで話し合いを始めました」

議論《ぎろん》の末、それまでの役員や専従職員《せんじゅうしょくいん》が去《さ》って、翌年《よくねん》四月から新体制《しんたいせい》でスタートすることになりました。再建《さいけん》委員会の委員長を務《つと》めたツール・ド・コミュニケーション代表の日比野純一《ひびのじゅんいち》さんが、神田神父《しんぷ》とともに共同代表に就任《しゅうにん》。そのほかの専従職員《せんじゅうしょくいん》は、当面一人と決まりました。

その一人は、FM《エフエム》ヨボセヨの設立《せつりつ》直後から、ボランティアスタッフだった金千秋《きむちあき》さんがなりました。

新しいFM《エフエム》わぃわぃは、再建《さいけん》前に約一五〇本あった番組を、三〇本ほどに絞《しぼ》りこみました。

「たとえばトップテンでもジャズ専門《せんもん》でも、そういう音楽番組はほかでやっています。でも、地域《ちいき》のベトナム人のための番組や視覚障害者《しかくしょうがいしゃ》のための番組は、ほかにはありません。そういう視点《してん》で線引きして、多文化《たぶんか》の社会を根づかせるための番組、社会に提言《ていげん》していく番組を放送する局であることを明確《めいかく》にしました」

代表的な取り組みは、テーマを決めて局のメッセージを打ち出す番組を設《もう》けたことでした。それは、イラク日本人人質事件《ひとじちじけん》で国内に巻《ま》き起《お》こった「自己責任《じこせきにん》」論《ろん》への異議《いぎ》申し立てから始まりました。

FM《エフエム》わぃわぃの新体制《しんたいせい》がスタートして間もなく、イラクで武装勢力《ぶそうせいりょく》が日本の民間人三人を人質《ひとじち》に取り、自衛隊《じえいたい》の撤退《てったい》を要求するという事件《じけん》が起きました。被害者《ひがいしゃ》が日本政府《せいふ》の渡航自粛勧告《とこうじしゅくかんこく》を無視《むし》して渡航《とこう》していたことから、「被害《ひがい》に遭《あ》ったのは被害者《ひがいしゃ》自身の責任《せきにん》。被害者《ひがいしゃ》や家族が、政府《せいふ》に救出や自衛隊《じえいたい》の撤退《てったい》を要求するのはおかしい」などとする批判《ひはん》が巻《ま》き起《お》こり、さらにその批判《ひはん》に対する批判《ひはん》も起きて、大きな議論《ぎろん》に発展《はってん》しました。

震災《しんさい》の被災地《ひさいち》には、命の危機《きき》に瀕《ひん》したとき、国籍《こくせき》などのちがいに関係なく、みんなの協力で助けたり助けられたりした体験をもつ人がおおぜいいました。そのため、「被害者《ひがいしゃ》の自己責任《じこせきにん》」との批判《ひはん》の高まりを、命の危機《きき》に瀕《ひん》した同じ日本人を簡単《かんたん》に見殺《みごろ》しにする動きのように感じ、強い違和感《いわかん》や危機感《ききかん》を覚えた人が少なくなかったといいます。

FM《エフエム》わぃわぃにかかわる人の間でも「おかしいやん」という話になり、急遽《きゅうきょ》「どんなことがあっても人の命が一番」というメッセージを発信していくことになったのです。これが始まりで、ステーションメッセージ番組という枠《わく》が設《もう》けられました。これまで「少数者の視点《してん》から」というテーマで在日《ざいにち》外国人、高齢者《こうれいしゃ》、障害者《しょうがいしゃ》などの視点《してん》から見た社会の問題を語ったり、「日本国憲法《けんぽう》を読む」というテーマで、各条文《かくじょうぶん》の意味を学んだりしてきました。

言葉の壁《かべ》と文化の壁《かべ》をどう取りのぞいていくか

FM《エフエム》わぃわぃは、多言語センターFACIL《ファシル》や、ツール・ド・コミュニケーションなどと連携《れんけい》して、放送以外のまちづくり活動にも積極的《せっきょくてき》にかかわっていきました。まちづくり企画会社《きかくがいしゃ》「神戸《こうべ》ながたTMO《ティーエムオー》」の森崎清登《もりさききよと》さん（近畿《きんき》タクシー社長）らが長田《ながた》の新名物として「ぼっかけカレー」を売り出すと（第二章参照《さんしょう》）、ぼっかけ発祥《はっしょう》の地とも言われる区内真陽《しんよう》地域《ちいき》の子どもたちにそのCM《シーエム》製作《せいさく》をもちかけ、ツール・ド・コミュニケーションのスタッフなどの支援《しえん》によって実現《じつげん》しました。

長田神社前商店街《ながたじんじゃまえしょうてんがい》が「おやつはべつばら」という秋祭りのイベントを始めると（第三章参照《さんしょう》）、その子どもたちが店頭に立つ「ぼっかけカレー」の屋台を企画《きかく》し、そこでCM《シーエム》も放映《ほうえい》しました。

区内各地域《ちいき》の連携《れんけい》で「ひとつきまるごとたなばたまつり」が始まると（第三章参照《さんしょう》）、浴衣《ゆかた》ファッションショーなど、集客力をアップすることなどの企画提案《きかくていあん》を行い、浴衣《ゆかた》を着てみたい外国人を集めて、いっしょに参加もしました。

そして、このような活動について、結果だけ放送するのではなく、過程《かてい》を同時進行的に放送して、地域《ちいき》の関心を高めました。

また、いろいろな地域《ちいき》のまちづくりの会議に参加する中で、ベトナム人への偏見《へんけん》を耳にし、それをきっかけに相互理解《そうごりかい》の動きを作り出したこともありました。

その地域《ちいき》は、昔《むかし》から低所得《ていしょとく》の人が多く住んでいました。家賃《やちん》も物価《ぶっか》も安く、働く場所もあるその地域《ちいき》には、難民《なんみん》として日本に来たベトナム人が新たに流入し、保育所には、その子どもたちが預《あず》けられるようになりました。

そして、保育所でシラミが発生するなど、なにか問題が起きるたび、日本人の間で「ベトナム人がいるからや」という根拠《こんきょ》のない非難《ひなん》の声が上がるようになりました。

地域《ちいき》の会議でそういう問題が起きていることを聞いた金《きむ》さんには、すぐに原因《げんいん》がわかりました。一つは、ベトナム人が言葉のハンディのために、日本人とうまくコミュニケーションできていないこと。もう一つは、文化のちがいもあって、ベトナム人が日本の保育所の決まりや習慣《しゅうかん》を、よく理解《りかい》しないまま行動していること。

それぞれ別個《べっこ》の問題から発生したように見える偏見《へんけん》や非難《ひなん》も、元をたどると言葉の壁《かべ》と文化の壁《かべ》に起因《きいん》していることが多いのです。

そこで金さんは、たかとりコミュニティセンターの仲間の「NGO《エヌジーオー》ベトナムin《イン》KOBE《こうべ》」を紹介《しょうかい》しました。NGO《エヌジーオー》ベトナムは、日本人に在日《ざいにち》ベトナム人の事情《じじょう》を伝えるとともに、保育所でのコミュニケーションに必要な言葉と、すごし方の知識《ちしき》をベトナム語に翻訳《ほんやく》して、母親たちに配布《はいふ》しました。

まちで取材をしていると、

「今度ベトナム人の子どもたちが、うちの小学校にたくさん入学してくるんやけど、ベトナム語で『入学おめでとう』って書いてくれへん？」

「地域《ちいき》のお祭りで多国籍《たこくせき》屋台をやりたいんやけど、だれかええ人おらへん？」

などなど、交流のための依頼《いらい》が寄《よ》せられるようになりました。

金さんたちはもちろん依頼《いらい》に応《こた》えましたが、それをまた放送していきました。

「やった結果だけ放送するのではなくて、その過程《かてい》で、やろうとしている本人たちに、困《こま》っていることを自分の言葉でしゃべってもらいます。自分が出るときは友人知人にも知らせますから、反応《はんのう》がありますよね。協力者も現《あらわ》れます。そうすると、伝わるということが実感できます。これがとても大事なことです」

伝わることを実感する人が増《ふ》えれば、よく利用されるようになります。なにができる人が、今どんなことをしようとしていて、なにに困《こま》っているか。その情報量《じょうほうりょう》が増《ふ》えることによって、なにかに困《こま》っている人と、それができる人をつなぐことのできるケースが増《ふ》えます。「つないでくれるところ」になることで、さらにいろいろな話がもちこまれるようになります。金さんは今、そんな好循環《こうじゅんかん》が生まれているのを実感しています。

「最終的には人間がメディアなんです。FM《エフエム》わぃわぃに来て、自分がやっていることを話していただく。あるいは、イベントなどに来ていただく。そして、人と人が、言葉や文化のちがいを越《こ》えてつながることから生まれる豊《ゆた》かさを、実感して共感していただけたら、今度はその人が動いて、まわりの人を動かしてくださる。そういう流れをたくさんつくることが、まちの力をアップさせていくことになるんだと思います」

金さんは、先々への前向きな展望《てんぼう》を語りました。

そんな中、ふとうしろをふり返って語った話がありました。

震災《しんさい》直後、金さんはみんなで言葉の壁《かべ》を越《こ》えて、南米系《なんべいけい》の家族の娘《むすめ》さんを助け出す体験をしましたが、その家族の震災前《しんさいまえ》の姿《すがた》が、今も目に浮《う》かぶと言うのです。

「言葉の問題で、まわりの日本人とも外国人とも声をかけ合わなかったあの家族。今思うと、あの人たちは、家族だけでほんとうにさびしかったと思うんです。わたしは多《た》言語《げんご》が飛びかうたかとりコミュニティセンターで、言葉をいろいろ覚えましたので、あの家族を思い出すにつけ、『ブエノスタルデス』（スペイン語で「こんにちは」の意）のひとことでも声をかけることができたら、せめて笑顔《えがお》の一つでも向けてあげることができたら、と思ってしまうんです」

だれからも自然にそんな言葉の一つ、笑顔《えがお》の一つが出てくるまち――。それが、金さんが目指す「多文化共生《たぶんかきょうせい》のまち」の、もっともシンプルで基本的《きほんてき》なイメージなのかもしれません。

被《ひ》災《さい》地《ち》から発信する「みんなの幸せづくり」

長田《ながた》区ユニバーサルデザイン研究会の誕生《たんじょう》

二〇〇一年七月、長田《ながた》区内で復興《ふっこう》まちづくり活動に取り組んでいた人々に、長田《ながた》区役所から声がかかりました。「九月にユニバーサルデザインフェアを開きたいので協力してほしい」との要請《ようせい》でした。ユニバーサルデザイン（UD《ユーディー》）とは、「すべての人にとって可能《かのう》なかぎり使いやすい製品《せいひん》や環境《かんきょう》のデザインをしていこう」という考え方です。

当時は、一般的《いっぱんてき》には高齢者《こうれいしゃ》・障害者《しょうがいしゃ》が暮《く》らしやすさを考えた「福祉《ふくし》」や「バリアフリー」と銘打《めいう》つフェアが開催《かいさい》されるのがふつうでした。しかし、区がユニバーサルデザインフェアを企画《きかく》した背景《はいけい》には、ちょうどUD《ユーディー》が新しいまちづくりのキーワードの一つになり始める時代状況《じょうきょう》がありました。

区役所の会議室に集まったのは、商店街《しょうてんがい》、地元企業《きぎょう》、ボランティア団体《だんたい》、小規模《しょうきぼ》作業所、学校、社会福祉協議会《しゃかいふくしきょうぎかい》などからの三〇人あまり。近畿《きんき》タクシーの森崎清登《もりさききよと》社長もその一人で、集まった区民有志《ゆうし》でつくるフェアの、実行委員長になるよう要請《ようせい》されていました。

その場では、UD《ユーディー》に関して、まだこんな声も聞かれたそうです。

「ユニバーサルデザインって、なんや?」

「最近大阪《おおさか》にそんな名前のもの（ユニバーサル・スタジオ・ジャパン）ができたな。あれか?」

しかし、森崎さんは、この人たちとならやっていけると思ったと言います。

「私にはススキが原のイメージがありました。一生懸命《いっしょうけんめい》自分なりにまちづくり活動にかかわって、ふと頭を上げてまわりを見渡《みわた》すと、あちこちに同じように頭を出している人がいた。フェアの話のとき、そういう人たちが全部集まった感じがしました。はじめて会った人でも、話から感じられる思いというものが、よくわかりました」

ある人が森崎さんに声をかけました。

「あんた、ユニバーサルデザインタクシーというのを走らせとるな。だったら知ってるやろ。わかりやすく、みんなに教えてくれ」

同じ思いを共有できる人々だと感じた森崎さんは、UD《ユーディー》を一般的《いっぱんてき》・教科書的な説明ではなく、かねてからの持論《じろん》で語りました。

「ユニバーサルは『普遍的《ふへんてき》な』という意味。人類の普遍的《ふへんてき》な願いといったら、『幸せになりたい』ってことでしょう。『デザイン』は形にしていくこと。だから、わたしは、ユニバーサルデザインというのは『幸せづくり』だと思うんですよ」

人間には、他人はどうでも自分だけは幸せになりたいと思いがちな面もあります。しかし、被災地《ひさいち》では、自分だけ幸せになることなど不可能《ふかのう》でした。森崎さんは、一つのたとえ話をしました。

みんながおなかをすかせている避難所《ひなんじょ》に、おにぎりが届《とど》きました。しかし、一〇〇人いるのに五〇個しかありません。リーダーの間でどうしようか話し合うと、「公平にしなければいけないから、今配るのはやめよう」という話も出ました。

その間に、わたしが、あまりにもおなかがすいていたからと、みんなにかくれて三つ食べてしまったとしましょう。結局は「配って分け合って食べればいいじゃないか」という話になり、一個《こ》のおにぎりを二～三人で分け合って食べた人たちは「おいしかったね」と、いっしょに幸せを感じ合えます。でも、一人でひそかに三つ食べてしまったわたしは、そうはいきません――。

集まった人々は、「みんなで力を合わせてがんばりましょう」と復興《ふっこう》のまちづくりの先頭に立ってきた人々。いわば「みんなの幸せづくり」をしてきた人々でした。幸せとは、分け合って感じ合うものという話には、みんながうなずきました。UD《ユーディー》という新しい外来語やその定義は知らなくても、UD《ユーディー》の実現《じつげん》に必要な精神《せいしん》は共有していたのです。

「長田《なが》区《た》UD《ユーディー》研」発足
六つのチームで活動

ここに、「UD《ユーディー》とはみんなの幸せづくり」という思いで結ばれた〝長田版《ながたばん》UD《ユーディー》のまちづくり〟がスタートすることになりました。

実行委員会は、森崎《もりさき》さんを会長とする「長田《ながた》区ユニバーサルデザイン研究会」を名乗り、UD《ユーディー》に関する勉強会から始めて、フェアの準備《じゅんび》を進めていきました。そして、区が発案したUD《ユーディー》フェアは、二か月後、この研究会の主催《しゅさい》という形で実現《じつげん》しました。

「みんな使えて、みんなうれしい」というキャッチフレーズの下、UD《ユーディー》体験ツアー、UD《ユーディー》商品展示会《てんじかい》、福祉相談《ふくし》コーナー、長田《ながた》名物そばめし屋台などが催《もよお》されました。

しかし、反省会では、不満の声が出ました。

「おい、あれでUD《ユーディー》フェアができたんか?」

「ちがうやろ。あれではほかでもやっている、福祉《ふくし》フェアと同じやないか」

長田区《ながた》では、そのような福祉《ふくし》フェアは必要がありませんでした。障害《しょうがい》のある人たち自らが中心になって企画《きかく》する「一七市拡大版《いちなないちかくだいばん》」というイベントが毎年開催《かいさい》され、地域《ちいき》とのつながりも育《はぐく》んでいたからです（第四章参照《さんしょう》）。

「じゃあ、みんなでいろいろ考えて、来年もう一回やろう」

こうして、研究会は、その後も集まりをもち、日ごろからUD《ユーディー》のまちづくりにつながる研究や実践《じっせん》を積《つ》み重《かさ》ねて、次のUD《ユーディー》フェアに臨《のぞ》むことになりました。そして、この活動は「もう一回」のフェアだけでは終わらず、今日まで継続《けいぞく》・発展《はってん》し、フェアも毎年開《かい》催《さい》されています。

長田《ながた》区ユニバーサルデザイン研究会（UD《ユーディー》研）は日常《にちじょう》、六つのプロジェクトチームに分かれて活動しています。

- UD《ユーディー》商品の研究・開発を行う「ものづくりチーム」。
- 建築《けんちく》・医療《いりょう》・福祉《ふくし》の視点《してん》から、住まいのUD《ユーディー》を研究・提言《ていげん》する「すまいづくりチーム」（すまいの応援団《おうえんだん》）。
- 食べ物にかかわるUD《ユーディー》に取り組む「食のUD《ユーディー》開発チーム」。
- 小中学校にUD《ユーディー》の講師《こうし》を派遣《はけん》する「ふれあう（学校教育）チーム」。
- 長田《ながた》区内のUD《ユーディー》ツアーなどを研究・開発する「観光ツアー開発チーム」。
- 研究会の取り組みを紹介《しょうかい》する「情報《じょうほう》発信チーム」。

各プロジェクトの活動は、全体で集まる月一回の定例研究会で報告《ほうこく》されます。複数《ふくすう》のプロジェクトが連携《れんけい》して取り組む必要のある案件《あんけん》では、実行委員会が設《もう》けられます。

現在《げんざい》、会員には企業《きぎょう》・各種団体《だんたい》・学校・行政《ぎょうせい》の関連部署《ぶしょ》など五〇以上が名を連ね、個《こ》人《じん》として参加している人もおおぜいいます。

じつは、会長の森崎さんはもちろん、これまでにご紹介《しょうかい》した長田神社前商店街《ながたじんじゃまえしょうてんがい》の村《むら》上季実子《かみきみこ》さん、ながた障害者地域生活支援《しょうがいしゃちいきしえん》センターの吉良和人《きらかずと》さん、FM《エフエム》わぃわぃの金《きむ》千秋《ちあき》さんは、この研究会でも活躍《かつやく》している人々です。彼《かれ》らの姿《すがた》を通して、UD《ユーディー》研の活動を紹介《しょうかい》しましょう。

「かわいそうな障害者《しょうがいしゃ》」という見方がなくなる

電動車いす使用者の吉良《きら》さんは、一七市拡大版《いちなないちかくだいばん》、バリアフリー情報紙《じょうほうし》『トゥモロー』発行などの活動を通じて、多くの人と出会いました。その中の一つの出会いから、小学校の福祉《ふくし》教育の時間に招《まね》かれてもいました。求められたのは、車いす体験を伝えることでした。

UD《ユーディー》研発足の翌《よく》二〇〇二年、学校では「総合的《そうごうてき》な学習の時間」が設《もう》けられ、それまで学級活動（学活）や道徳《どうとく》などの時間に行われていた福祉《ふくし》教育が、この時間にも行われるようになりました。そして、児童《じどう》に説き聞かせることよりも、児童《じどう》に考えさせ、気づかせることに重点が置かれました。教師《きょうし》も参加するUD《ユーディー》研では、この「総合的《そうごうてき》な学習の時間」に対応《たいおう》した、UD《ユーディー》の講師《こうし》の派遣《はけん》を企画《きかく》しました。

それ以降《いこう》、吉良さんは車いす体験限定《げんてい》の講師《こうし》ではなく、とくに障害《しょうがい》のないメンバーといっしょになってUD《ユーディー》を伝える講師《こうし》に脱皮《だっぴ》しました。そのとき、大きな変化が起きたといいます。

「車いす体験で行っていたときは『かわいそうな障害者《しょうがいしゃ》』と見る目がありました。子どもたちだけではなくて、先生にも『このまちに住んでいるかわいそうな人が来るから、みんな、あんまり変なことを言ったらアカンで』という雰囲気《ふんいき》がありました。それが『UD《ユーディー》の先生』として行くようになったら、なくなりました」

「自分たちとはちがう世界に住む障害者《しょうがいしゃ》」ではなく、「自分たちの身近にもあることを教えてくれる先生」として見るようになり、「先生の中には障害《しょうがい》のある人もいる」という見方に変わったのです。

UD《ユーディー》の講師派遣《こうしはけん》は、講師《こうし》自身がさまざまな気づきを得る機会にもなっています。自身も講師《こうし》の一人として学校に赴《おもむ》く森崎《もりさき》さんは、ある校長から言われました。

森崎さんがあと二〇年ぐらい生きたら、この子たちは三〇代。日本社会のど真ん中で働いています。その子たちに今話していることは、年をとったときのご自分のためにもなりますね——。

「ぼくはそれまで『将来《しょうらい》の社会のために』みたいに思っていたんですけど、『おっ、そうか、自分のためか』と。それでまたよけいに力が入るようになりました」

校長の指摘《してき》は、「自分だけで幸せになんかなれない。みんなの幸せづくりが、自分の幸せももたらす」という森崎さんの持論《じろん》を再認識《さいにんしき》するものだったにちがいありません。

小学校と共同で新校舎《しんこうしゃ》をUD《ユーディー》化《か》

UD《ユーディー》の講師派遣《こうしはけん》は、二〇〇七年度までに一一四回、派遣《はけん》人数は、のべ七三九人にのぼりました。

派遣先《はけんさき》の池田《いけだ》小学校と駒ヶ林《こまがばやし》小学校で校舎《こうしゃ》の建《た》て替《か》えが行われた際《さい》には、子どもたちが新校舎《しんこうしゃ》のUD《ユーディー》化《か》に参加するプロジェクトを、学校と共同で行いました。

市の計画で、新校舎《しんこうしゃ》は災害時《さいがいじ》の避難所《ひなんじょ》になることも想定して、最初からUD《ユーディー》の設計《せっけい》がなされていました。UD《ユーディー》研は子どもたちに、みんなにやさしい場所にするにはどうしたらいいかを一から考えさせ、よいアイディアで実現可能《じつげんかのう》なものが追加されるよう図《はか》りました。

二〇〇四年末に完成した池田《いけだ》小学校の新校舎《しんこうしゃ》では、トイレの壁《かべ》を明るい色にすることや、通常《つうじょう》「校長室」「職員室《しょくいんしつ》」など文字で書かれているだけの入口のプレートに、一目でわかるピクトグラム（絵文字）を入れることなどが実現《じつげん》しました。子どもたちが描《えが》いたピクトグラムは、校長室が応接《おうせつ》セットの三人がけのソファ、職員室《しょくいんしつ》が先生たちがよく机《つくえ》の上に置いているマグカップといった、ユニークなものでした。

森崎《もりさき》さんは、完成後の子どもたちの様子が忘《わす》れられません。

「子どもたちには、自分たちが作った校舎《こうしゃ》という思いがあったんでしょう。『いい校舎《こうしゃ》ができたね』と声をかけると『うん、いいでしょう』と自慢《じまん》げな答えが返ってきました。子どもたちが快活《かいかつ》になりましたよ」

翌《よく》二〇〇五年、神戸《こうべ》市が誘致《ゆうち》して第三回のUD《ユーディー》全国大会を開催《かいさい》した際《さい》は、大人たちも全国からの来場者に自慢《じまん》しました。

UD《ユーディー》研は、池田《いけだ》小学校を主な見学スポットの一つとする「長田《ながた》に来ればUD《ユーディー》がわかる」という見学ツアーを企画《きかく》。同小学校では、子どもたちが新校舎《しんこうしゃ》内各所のくふうを絵と文でレポートしたものをまとめた「ユニバーサルデザイン・イン・池田《いけだ》小」という冊《さっ》子《し》を来場者に配布《はいふ》しました。

「研究会の会員に出版《しゅっぱん》関係の仕事をなさっている方がいて、その方がこんなに素敵《すてき》な冊子《さっし》にしてくださったんです。学校ではこうはいきません」

そう語るのは、UD《ユーディー》研の会員でもあり、学校を代表して研究会に参加してきた岡村《おかむら》仁美《ひとみ》先生。講師《こうし》派遣《はけん》では学校側の福祉《ふくし》教育担当者《たんとうしゃ》として窓口《まどぐち》になり、新校舎《しんこうしゃ》UD《ユーディー》化《か》プロジェクトでも、UD《ユーディー》研と学校側をつないできました。

食べ物のUD《ユーディー》にも挑戦《ちょうせん》 たこ焼き・うどん・ハンバーガー

第一回UD《ユーディー》フェアの出来に満足しなかったUD《ユーディー》研会員の中には、「UD《ユーディー》というテーマで出す、食べ物もないといけない」という人もいました。

脳性《のうせい》まひによる全身障害《しょうがい》のために嚥下《えんげ》（食べ物を飲みこむこと）にも障害《しょうがい》がある人が、たこ焼きをのどに詰《つ》まらせて救急車《きゅうきゅうしゃ》で運ばれる。当時、そんな事故《じこ》が会員たちの身近で二件《けん》続いていました。

「たこ焼きは関西人《かんさいじん》のソウルフード。それが危険《きけん》な食べ物で、命がけで食べる人がいるというのは放っておけない。なんとかせな」

そんな思いにも押《お》されて始まったのが、「食のUD《ユーディー》開発」でした。

長田神社前商店街《ながたじんじゃまえしょうてんがい》の村上《むらかみ》さんは、地域連携《ちいきれんけい》イベントなどで世話になった人から「U《ユー》

D《ディー》たこ焼き」について「どうしたらいいと思う？」と相談されました。しかし、すぐに妙案《みょうあん》も思《おも》い浮《う》かばず、そのときはまだUD《ユーディー》研の会員でもなかったので、そのままにしました。次にその会員に会ったときのことです。

「あっ、村上さん、この前の話のメンバーに入れておいたから、よろしくね」

以来、村上さんはUD《ユーディー》研の会員になり、UD《ユーディー》フェアなどのたびに寄《よ》せられる「よろしくね」に応《こた》えて、さまざまなUD《ユーディー》フードを開発することになるのでした。

UD《ユーディー》たこ焼きに関しては、村上さんはあまりかかわらず、結局、たこの食感が失われない程度に小さく刻《きざ》むという解決策《かいけつさく》に落ち着きました。その際《さい》、食のUD《ユーディー》の四条件《じょうけん》が考え出されました。

一、食べにくい食材を食べやすくすること。

二、家でも簡単《かんたん》にできるくふうであること。

三、くふうが味を損《そこ》なわないこと。

四、見た目にもおいしくなること。

村上さんが本格的《ほんかくてき》にかかわったのは、「UD《ユーディー》うどん」が始まりでした。村上さんたち食のUD《ユーディー》開発チームが考えたのは、きしめん状《じょう》に打ったためんに、切りこみ穴《あな》を開けるというものでした。手の不自由な人や目が見えない人などは、つるつるとすべるうどんを、箸《はし》やフォークでなかなかうまくつかめません。そこで、めんに切りこみ穴《あな》を開けて、引っかかりやすくするというわけです。

地元のうどん屋さんに打ってもらい、二〇〇三年の第三回UD《ユーディー》フェアに初登場。しかし、ゆでるのに時間がかかってイベント向きでなかったため、村上さんは店の休みの日に自分で改良《かいりょう》を重ねました。と、そんなときにメーカーが同じようなものを乾麺《かんめん》で商品化。

「だれしも考えることはいっしょや、もう一年早くやっていたら特許《とっきょ》をとれたのにね、とか言って大笑いしました」

次に取り組んだのは、UD弁当《ユーディーべんとう》。まずは、ホタテの貝柱や肉に包丁《ほうちょう》の切り目をたくさん入れて食べやすくしたもの、ひじきの煮物《にもの》を寒天で包んで取りやすくしたものなど、弁当《べんとう》のおかずになるものから考案し、第四回UD《ユーディー》フェアで試食会を催《もよお》しました。

「おひたしは悩《なや》みました。これも寒天で固《かた》めるのでは芸《げい》がないし、湯葉《ゆば》や薄焼《うすや》き卵《たまご》で巻《ま》くことも考えましたけど、おひたしとしては邪魔《じゃま》くさい。ふとロールキャベツを思い出して、そうだ、おひたしの葉の一枚《まい》で包めばいいんだと……」

そして二〇〇五年、UD《ユーディー》全国大会・神戸大会の際《さい》の見学ツアー「長田《ながた》に来ればUD《ユーディー》がわかる」では、池田《いけだ》小学校のUD新校舎《ユーディーしんこうしゃ》での昼食としてUD弁当《ユーディーべんとう》を販売《はんばい》。多くのメディアでも紹介《しょうかい》されました。

続いては、二〇〇六年のおでん。竹串《たけぐし》がとがっているとあぶないので、アイスキャンディーに使うような先の丸い平棒《ひらぼう》を使い、一口大にした具を刺《さ》しました。具には、牛筋《ぎゅうすじ》を煮《に》たものを刻《きざ》んで、丸天（丸い練《ね》り物《もの》）で包むという新製品《しんせいひん》を考案しました。

「長田の人は筋《すじ》を炊《た》いた具が好きで、だしをおいしくする意味でも入れるんです。かつおと昆布《こんぶ》だけのとはコクがちがう。でも、具としての牛筋《ぎゅうすじ》は、そのままでは筋《すじ》があるし硬《かた》い。UD《ユーディー》にならへん。どうしよう。練《ね》り製品《せいひん》を見て、ひらめきました」

この製品《せいひん》は、大手の練《ね》り製品《せいひん》メーカーにも注目され、商品化されました。

UD《ユーディー》うどん
切りこみのあなをあけているので、フォークやはしがひっかかりやすい
UD弁当《べんとう》
ほうれんそうのおひたし
スナップえんどうと蛸《たこ》のてんぷら
鯛《たい》めし
和菓子《わがし》
ひじきごはん
豆《まめ》ごはん
鰺酢《あじす》
五目豆《ごもくまめ》
牛《ぎゅう》カツ
手の指が不自由な人でもフォークで食べやすいように、酢《す》の物や煮物《にもの》は寒天で固めている

二〇〇七年のUD《ユーディー》フェアで人気を集めたのは、「UD初恋《ユーディーはつこい》バーガー」でした。村上さんに回ってきた注文は、次のようなものでした。

ハンバーガーは、ソースで口のまわりを汚《よご》したり、ボロボロこぼれて服を汚《よご》したりしがち。そんな心配なしに、初デートでも安心して食べられるおいしいハンバーガーは作れないか。そういうハンバーガーなら、子どもでも、手や口にまひのある人でも安心して食べられる。よろしく――。

村上さんがほかのメンバーのアイデアも借りながら完成させたのは、ひき肉にソースなども混《ま》ぜて型に入れて焼《や》き固《かた》め、それを小ぶりのバンズにはさむというものでした。「UD初恋《ユーディーはつこい》バーガー」という楽しいネーミングの一方で、もっとも大事に考えられたのは、じつは初デートのカップルでも子どもでもなく、まひのある人の事情《じじょう》でした。

まひのある人は、ふだんからこぼすことには慣《な》れてしまっています。しかし、「いっしょにいる人に恥《はじ》をかかせたくない」など、自分のためよりも周囲の人や場の雰囲気《ふんいき》のために、こぼしたくない状況《じょうきょう》というものがあります。そのような気持ちに応《こた》えたいという願いから生まれたのです。しかし、だからといって「障害《しょうがい》のある人のことを考えた」ということを前面に出すようなことはしませんでした。

一般《いっぱん》の人は、ただおいしい、おもしろい、使いやすい、便利などと思うだけかもしれないが、一般《いっぱん》の人にはわからない切実なニーズをもった人にもきちんと応《こた》えている――。じつは、これがすぐれたUD《ユーディー》製品《せいひん》のあり方なのです。

電動車いすで走る「キラポッポ」

UD《ユーディー》研の活動は、このほかにもいろいろな取り組みを行いながら発展《はってん》しています。

二〇〇二年には、「神戸《こうべ》ユニバーサルデザイン大賞《たいしょう》」というUD《ユーディー》に関するアイデアコンテストを開始。「見においで使いやすさの未来形」というキャッチフレーズをつけた第二回UD《ユーディー》フェア以来、毎年のUD《ユーディー》フェアで受賞作《じゅしょうさく》の発表と表彰《ひょうしょう》をしています。

二〇〇四年からは、「長田《ながた》発神戸《こうべ》UD《ユーディー》大学」を開始。UD《ユーディー》研のメンバーや外部から招《まね》いた専門家《せんもんか》が講師《こうし》になって、地域《ちいき》の人々に最新のＵＤ《ユーディー》事情《じじょう》を伝えています。

こうした中、会長の森崎《もりさき》さんが「ＵＤ《ユーディー》研が一つのバーを越《こ》えた」と語る出来事がありました。

それは二〇〇四年、第四回ＵＤ《ユーディー》フェアのときのことです。

キャッチフレーズは「長田《ながた》はＵＤ《ユーディー》のテーマパーク」でいこうという話になったとき、ある人が「テーマパークなら、子どもたちになにか乗り物がほしいなあ」といいました。

ＦＭ《エフエム》わぃわぃの金《きむ》さんが、隣《となり》にいた吉良《きら》さんにたずねました。

「ねえねえ、電動車いすって、うしろになにかつないで、引っぱったりできるの？」

「いくらでもいけるで」と吉良さん。

それを聞いた人が言いました。

「そしたら、吉良さんの電動車いすで手動の車いすを引っぱって、デパートの屋上の汽車ポッポみたいなことやったらどうや？」

それはおもしろいと、しばらく場は盛《も》り上《あ》がりましたが、すぐにみんな、黙《だま》りこみました。そして、「電動車いすを、そんな遊びみたいなことに使って、ええんか？」の声。吉良さんは「ええんちゃう？」と答えましたが、それ以上話が進みません。そこで森崎さんは、あらためて吉良さんにたずねました。

「吉良さんはよくても、車いす関係の団体などからクレームがつかないかな」

「その心配はわかります。でも、やってええと思います」

吉良さんはこう考えていました。

これは、差別されたり馬鹿《ばか》にされたりするのと意味がちがう。こういうことを通じて、障害者《しょうがいしゃ》は特別《とくべつ》な人ではなく、どこにでもいる人、お祭りがあれば、みんなを楽しませようとするスタッフの中にもいる人、そう思ってもらえたらいい――。

その吉良さんの考えに沿《そ》って、企画《きかく》は実現《じつげん》へと向かいました。出し物の名前は、吉良さんの名前を取って「キラポッポ」。大工《だいく》仕事が得意なメンバーが、電動車いすにかぶせる機関車の外装《がいそう》と、手動の車いすにかぶせる客車の外装《がいそう》を製作《せいさく》し、ドライアイスで煙《けむり》も出すようにしました。

そして当日、フェアを開幕《かいまく》してみれば、「キラポッポ」は子どもたちに大人気でした。「子どもたちが『車いすの人＝かわいそうな人』という感じでなく、『おっちゃん、乗せて』と屈託《くったく》なく頼《たの》んでいるのが、いいなあと思いました」と金《きむ》さん。

森崎さんは、UD《ユーディー》研の中に起きたことを、次のように語ります。

「考えてみると、ぼくは吉良さんと出会うまで、彼《かれ》のような障害《しょうがい》のある人と話したことがなかったし、ほかの多くのメンバーもそうだったと思います。いっしょに研究会をしながらも、まだ残っていた壁《かべ》を、まず吉良さんが乗《の》り越《こ》えてくれた。それで、ほかのメンバーも、障害《しょうがい》のある人に対する遠慮《えんりょ》のしすぎがなくなった。そうして生まれた企画《きかく》が成功《せいこう》した。あれでUD《ユーディー》を体感できたと思うんです」

おわりに　つながりと助け合いが社会を変えていく

震災《しんさい》から一〇年の節目《ふしめ》にあたる二〇〇五年、兵庫《ひょうご》県は「ユニバーサル社会づくり総合指針《そうごうししん》」をつくりました。本書の執筆《しっぴつ》が大詰《おおづ》めを迎《むか》えた二〇〇八年三月には、与党《よとう》が「ユニバーサル社会基本法《きほんほう》」制定《せいてい》を目指すという報道《ほうどう》がありました。

「ユニバーサル社会」とは、ものづくりから生まれたユニバーサルデザイン（UD《ユーディー》）の考え方を社会づくりにまで広げた考え方で、「年齢《ねんれい》、性別《せいべつ》、障害《しょうがい》の有無《うむ》などにかかわりなく、すべての人がもてる力を発揮《はっき》して支《ささ》え合《あ》う共生《きょうせい》・共助《きょうじょ》社会」のこととされています。

これは、本書の主人公たちが震災《しんさい》直後から目指してきたまちづくりに重なります。彼《かれ》らのネットワークの中ではユニバーサル社会が実現《じつげん》され、そのネットワークの広がりとともに、ユニバーサル社会も広がっているように感じられます。

しかし、少し距離《きょり》を置いて日本全体を見渡《みわた》してみると、震災後《しんさいご》の日本社会には、ユニバーサル社会とは逆方向《ぎゃくほうこう》に動いてきた面も、強く感じられます。

その動きを代表する言葉が「格差社会《かくさしゃかい》」です。格差《かくさ》の広がりとともに、社会の共生《きょうせい》・共助《きょうじょ》のためのしくみが揺《ゆ》らいでいます。

たとえば、国民健康保険《けんこうほけん》の保険料《ほけんりょう》が払《はら》えず、病気やけがをしても、医者にかかれない不安を抱《かか》えて暮《く》らす人が増《ふ》えています。その一方で、税金《ぜいきん》から自治会《じちかい》費《ひ》や子どもの学校の給食代まで、払《はら》えるのに払《はら》わない人が増《ふ》えています。経済《けいざい》格差《かくさ》だけでなく、共に生きていくのに必要なモラルの格差《かくさ》も、拡大《かくだい》しているといわざるをえません。

そんな社会だからこそ、森崎清登《もりさききよと》さんの言う「ＵＤ《ユーディー》＝みんなの幸せづくり」に向かって、おたがいのつながりと助け合いを大事にしながら前進している人たちが、いっそう輝《かがや》いて見えるのかもしれません。

しかし、その輝《かがや》きの原点は震災《しんさい》体験です。ある面では失ったものを取りもどせない悲しみがあり、ある面では決別したものに引きもどされたくないという思いがあり、いずれにしてもじっとしてはいられない。取材を通してそんな姿《すがた》も感じられたことをふり返ると、「輝《かがや》いて見える」だけでは終われません。

最後に、これまでの活動を語り終えた二人の口から聞かれた思いを伝えて、この取材記の筆をおくことにしましょう。

森崎清登《もりさききよと》さんは、次のように心のうちを語ってくれました。

「いま、まちづくりに奔走《ほんそう》している人たちは、はしゃぎまわっているように見えることもあると思いますが、それは震災《しんさい》の記憶《きおく》がバネになってのことなんです。

わたし自身、ふだんはおもろいと思ってやっています。でも、震災《しんさい》のことを思い出してはグッとくる。たとえば、自分が生まれ育った町並《まちな》みとともに、まちで育ててくれたおっちゃん・おばちゃんの顔が眼《め》に浮《う》かんでくる。そのなんでもない暮《く》らしぶりが思い出されてくる。

もし今でもそのまちが残っていたら、そうやってしょっちゅう昔《むかし》に立ち返ることはなかったと思います。震災《しんさい》でなくなってしまってから、何度も思い出して訪《おとず》れています。

行くたびに新しいものができて風景が変わっています。ところが、新しい家でも、表札《ひょうさつ》を見ると昔《むかし》からの人が住んでいたりします。知っている人が出てきて顔を合わせると、おたがいドッと涙《なみだ》が出てくる。思い出すだけでも泣きそうになる……。ぼくだけではありません。このまちの人は、みんなそういう思いを抱《かか》えていると思います。

だから、立ち上がって、みんなでいっしょにおもろいことをしたい。みんなで腹《はら》を抱《かか》えて笑えるようなことをしたい。そういう思いが、活動を支《ささ》えるエネルギーになっている。だから、妙《みょう》に元気なんです。

わたし自身もそうだと思います。妙《みょう》に元気を出していると思う状態《じょうたい》を続けていると、疲《つか》れます。それは無理をしているということだと思います。そう思うんだけど、また必要以上とも思うような元気を出そうとしてしまう。そういう感じがあるんです」

金千秋《きむちあき》さんは、一つの印象深い話を通して、今の思いを語ってくれました。

震災《しんさい》直後の時期、大韓民国民団《だいかんみんこくみんだん》（民団《みんだん》）西神戸《にしこうべ》支部の炊《た》き出《だ》しには、多くの人が集まって列をなしました。ある日、こんなことがあったそうです。

順番の来た人がたずねました。

「わたしは日本人なんですけど、いただいていいんでしょうか?」

民団《みんだん》のスタッフは、驚《おどろ》いて答えました。

「なにを言っているんですか。困《こま》ったときは相身互《あいみたが》いじゃないですか」

まわりからも賛同《さんどう》の声が上がり、居合《いあ》わせたみんなの気持ちが一つになりました——。

この話は、民団《みんだん》の人々の間で、大きな話題になりました。

在日《ざいにち》外国人は、助ける側よりも助けを必要とする側になりがちです。そのうえ、在日韓国《ざいにちかんこく》人には差別されてきた歴史《れきし》があります。日本人に助けを求められる機会はありませんでした。

「だから、自尊心《じそんしん》をくすぐられるようなところがあったと思います。それで、『みんないっしょじゃないですか』『いっしょにがんばりましょう』という感じで、気持ちが一つになったんだと思います」

震災《しんさい》は、建物など多くの目に見えるものを破壊《はかい》しましたが、人と人とを隔《へだ》てていた心の壁《かべ》も壊《こわ》したのです。しかし、目に見えるものの再建《さいけん》が進むほどに、心の壁《かべ》を再建《さいけん》してしまう人も増《ふ》えました。

「みんないっしょやと思ったけど、やっぱりちがうわ。しょせん、われわれは日本人とはちがうわ」という感覚です。

金さんは言います。

「わたしはそんなふうに元にもどりたくはないんです。元にもどらないように、どうやって次のまちづくりにつなげていくか。それがUD《ユーディー》のまちづくりだと思うんです」

「UD《ユーディー》のまちづくり」というテーマの取材先として、わたしは復興《ふっこう》を体験したまち「神戸《こうべ》」を選びましたが、すぐにその中の「長田《ながた》」に絞《しぼ》ることにしました。この本に登場するみなさんに代表される、すばらしいまちづくりの担《にな》い手《て》の方々に、次々と出会ってしまったからです。

貴重《きちょう》なお話を聞かせていただいた方々に、深くお礼を申し上げます。

みなさんのお話からは、おたがいにつながりあっているさまざまな人や団体《だんたい》の活動も聞かれ、長田《ながた》のまちづくりの層《そう》の厚《あつ》さ、ネットワークの密度《みつど》の濃《こ》さに驚《おどろ》くばかりでした。再《ふたた》び長田《ながた》のまちを訪《たず》ね、それらの活動も取材してみたいと思わずにはいられません。

本書執筆《しっぴつ》の機会を与《あた》えてくださった読書工房《どくしょこうぼう》・成松一郎《なりまついちろう》さん、多大なご苦労《くろう》をおかけした編集《へんしゅう》スタッフの土師睦子《はじむつこ》さんに、記して感謝《かんしゃ》の意を表します。

二〇〇八年　四月

中和正彦《なかわまさひこ》

参考文献

第一章 1995・1・17以前

●『カラー版 神戸－震災をこえてきた街ガイド』
（島田 誠・森栗茂一著、岩波書店、岩波ジュニア新書489）

第二章 まちが生まれ変わるまで

●近畿タクシー株式会社　http://www.kinkitaxi.com/
●特定非営利活動法人 神戸まちづくり研究所
http://www.netkobe.gr.jp/machiken/

第三章 商店街にできること

●タメ点カード長田　http://tameten.jp/

第四章 なにかできひんかな

●社会福祉法人 えんぴつの家
http://www006.upp.so-net.ne.jp/empitsu/
●ながた障害者地域生活支援センター
http://www.k4.dion.ne.jp/˜n-nagata/nagata-senter.html

第五章 人間こそがメディア

●特定非営利活動法人 たかとりコミュニティセンター
http://www.tcc117.org/
●FMわぃわぃ　http://www.tcc117.org/fmyy/

第六章 被災地から発信する「みんなの幸せづくり」

●長田区ユニバーサルデザイン研究会
http://www.nagata-ud.jp/

中和正彦（なかわ・まさひこ）

1960年神奈川県伊勢原市生まれ。出版社勤務を経て、フリーランスの記者。1990年から2006年まで、「アサヒパソコン」誌で、ＩＴが拓く障害者の可能性をテーマにしたルポを連載。2006年より、明治大学情報コミュニケーション学部非常勤講師（ユニバーサルデザイン、出版文化）。おもな著書に、『まちのユニバーサルデザイン』（あかね書房）がある。

カバー・はじめに・章扉イラスト●丸山誠司
本文イラスト●おちあやこ
デザイン●諸橋藍（釣巻デザイン室）
写真提供●S.G.Paolo、FMわぃわぃ、近畿タクシー、長田区ユニバーサルデザイン研究会、中和正彦

ドキュメント・ユニバーサルデザイン

一人ひとりのまちづくり
神戸市長田区・再生の物語

2008年５月25日　第１刷発行

著者　中和正彦
企画・編集　有限会社 読書工房
発行者　佐藤　淳
発行所　大日本図書株式会社
〒112-0012
東京都文京区大塚３-11-6
電話 03-5940-8678（編集），8679（販売）
振替 00190-2-219
受注センター 048-421-7812
印刷　錦明印刷株式会社
製本　株式会社若林製本工場

ISBN978-4-477-01930-7　NDC369